高 维 度
思 考 法

如何从解决问题进化到发现问题

［日］细谷功 —— 著

程亮 —— 译

中国华侨出版社
·北京·

前　言

　　一生留下近40册著作的管理界巨匠彼得·德鲁克在逝世前约两年（2004年初）时曾接受美国《财富》杂志的采访，记者问他："假如您还有没写的主题，会是什么？"德鲁克答道："是无知的管理。要是早写出来，大概已经成为我的最高杰作了。"

　　无知的管理……早已对经营洞悉无遗、预见了"知识社会"和"知识劳动者"的德鲁克，在人生的最后关头究竟想告诉我们什么？

　　说起无知，距今两千多年，苏格拉底曾提出"无知之知"的概念。在那个家喻户晓的故事中，苏格拉底听说德尔斐神庙传出神谕，称"苏格拉底是最有智慧的人"，可他自己对此"毫无印象"，便同众多"智者"交谈，然后得出了结论——自己与他们的不同之处在于"我知道'自己多么无知'"。这便是"无知之知"的由来。

　　奇妙的是，"经营学之父"和"哲学之父"探寻到的领域却都是"无知"。也就是说，"无知"是孕育新智慧的最重要的关键词。

这听起来有些像禅学问答。"知识丰富"为好,"无知"为不好——这是世间"最基础的常识",但本书反而挑战这一价值观,探究"德鲁克和苏格拉底究竟想告诉我们什么",同时也尝试着对用来实践发现问题的思维方法论做出阐释。

"无知、未知"与解决问题的困境

"写下你对'租庸调'的认识。"

这是1908年日本旧制一高(现日本东京大学教养学部)的入学试题。这个题目对考生的"填鸭式知识量"有着极高的要求。如今,这样的问题已经完全不适用于人才需求了,因为如果只是单纯地比拼"知识量",人类是敌不过电脑的。

IBM的人工智能"沃森",曾在美国最受欢迎的智力问答节目《危险边缘》中战胜人类冠军。从人工智能击败国际象棋世界冠军开始,电脑逐渐在各种智力活动中凌驾于人类之上。"靠知识量取胜"和"解决既有问题"已不再是人类该努力的课题。

现阶段,人类应该把努力的方向转换至(广义的)解决问题,即发现并定义没人意识到的新问题这一"上游部分"。在商业、教育等多种场合,均要求这种"从下游到上游"的需求转换。

以商业而言,所有业界一致要求员工以"发现问题型"的方式工作,也就是说要能够主动发现顾客的潜在需求,而不是被动应对来自顾客的交易需求;不是在其他公司的后面苦苦追赶，而是创造出业界前所未有的革新性的商品或服务；不是单纯提供个别的商品或服务，而是从需求中挖掘出顾客的根本性需求并提交方案。用河流来比喻，就是不要在下游静待顺水而下的猎物落网，而是应该站在险峻的上游，即便需要在岩石间反复搜寻，也要找出隐藏其间的猎物。

这里的问题在于，"下游"和"上游"不仅要求各自必需的着眼点，所要求的工作价值观和技能也不相同，有时甚至完全相反。也就是说，擅长（狭义的）解决既有问题的人不擅长发现问题，反之亦然。这便是本书所阐述的"解决问题的困境"。

如今，社会、公司、学校所提倡的价值观几乎已统统被优化为"下游的价值观"。因此，我们现在需要溯流而上，逆转价值观，将必要的思路转换至"上游"。

"上游"所需要的，不是囿于旧有成见的思维，而是发挥"想象力"和"创造力"以开拓新世界。换言之，就是要将人类的"思考"能力完全发挥出来，仅此而已。为此，我们不能把知识当成"存量"来用，而必须将其视作"流量"来活学活用。这就要求我们必须转换价值观，着眼于"无知"和"未知"，而非积存的知识。

"困境"的机制和解决方法

那么，这种"困境"是由怎样的机制产生，又需要如何解决呢？

本书将以"无知、未知"为线索,从两个角度加以分析。一个是"作为'知'的对立概念"。"知"有时会成为阻碍新发现的重大要因,所以本书会着眼于将"知"重置(unlearn)这个意义上的"无知的优点"。

另一个是"无知之知"这一侧面。苏格拉底所提倡的重点不在于"无知本身",而在于"无知的无知"(不自知无知的状态)这一"元级(meta-level)"的无知。

正如前文所述,解决既有问题的(狭义的)"解决问题",与作为其"上游"的发现新问题的"发现问题",二者所要求的思路和价值观是正相反的。然而迄今为止,在极大程度上受到重视的却是(狭义的)"解决问题型"的思路。本书将对二者进行彻底的对照和比较,阐明如何活用无知以消除"困境"的思路。其核心便是"从知到无知的视角转换",以及与此相关的三组关键词——"从存量到流量""从封闭体系到开放体系""从固定维度到可变维度"。

本书会以"蚂蚁和蝈蝈"作为比喻,对基于上述三种视角的思路加以比较,尝试从"无知"的观点出发,对一直被人们视为理所当然的"蚂蚁是善,蝈蝈是恶"这一价值观进行检验,同时展开新的讨论。

此外,本书还提出"通过元级超越维度"的思考法,将其作为活用"无知"和"无知之知"的具体思考法,用来发现问题和定义问题。

如此，本书便介绍这种着眼于无知和未知来发现新问题和创造新视角的思考法，并将其作为解决"困境"的方法。

德鲁克在其1994年的著作《后资本主义社会》中，关于"知识提高生产力"做了如下论述，可供参考：

> 伟大的英国小说家爱德华·摩根·福斯特（1879－1970年）提倡"联结"。（中略）联结所需要的，是用来定义问题的方法论，其重要程度甚至超过当今流行的解决问题的方法论。（中略）需要"未知事象的体系化"（Organizing Ignorance）。事实上，这也是我从40年前便已开始写的书的标题，但至今仍未完成。

这里的"定义问题"，接近本书所说的"发现问题"。而从这段话中，也能看出德鲁克一生的问题意识。

本书全貌

本书的结构和整体概要如图所示。

本书大体上由四个部分构成。PART Ⅰ对"未知的未知"加以阐述，同时提出本书对于"知"和"无知、未知"的定义和框架。

PART Ⅱ针对"'解决问题'的困境"，通过对比"河的上游和下游"，阐释"解决问题与发现问题的思路差异"，即在何

本书的结构和整体概要

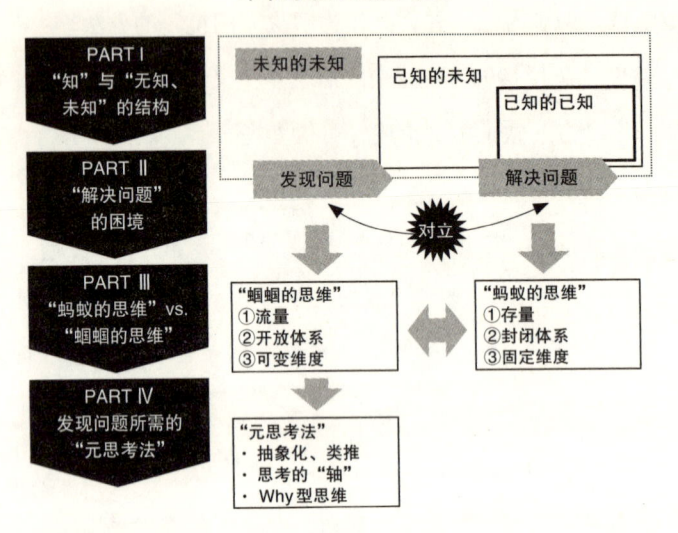

- PART I "知"与"无知、未知"的结构
- PART II "解决问题"的困境
- PART III "蚂蚁的思维" vs. "蝈蝈的思维"
- PART IV 发现问题所需的"元思考法"

未知的未知 / 已知的未知 / 已知的已知

发现问题 ←对立→ 解决问题

"蝈蝈的思维"
①流量
②开放体系
③可变维度

"蚂蚁的思维"
①存量
②封闭体系
③固定维度

"元思考法"
· 抽象化、类推
· 思考的"轴"
· Why型思维

种场合需要何种思路,它们之间存在怎样的结构性矛盾,也就是"困境",以及"为什么"会出现这种困境。发现问题居于解决问题的上游,但二者之间并非一路坦途相通,而是存在不连续的裂隙。很多时候,人们正是因为没有意识到这一点,才难以发现问题。世人往往被"解决问题型"的价值观所支配,本书会在这个部分谈及该现象的原因,并探求困境的解决办法。

PART III通过"蚂蚁和蝈蝈"的类比,明确对比两种思路,思考二者的对立结构和"共存共荣"的方向性,同时指出基于"奇点"的发现问题和用以预测未来的着眼点。任何领域均存在蚂蚁思维的人和蝈蝈思维的人,关键在于理解这两种思路的机制,根据不同的场合加以区分,各尽其用。

PART Ⅳ讲解了三种通过超越维度打破壁障的元思考法，即能像蝈蝈那样"跳跃思考"的"用以发现问题的思考方法"。

这里的关键词是"上位概念"和"元视角"。本书将通过三种上位概念的用法，讲解蚂蚁和蝈蝈的思路差异之一——"是只用下位概念思考，还是配合上位概念思考"，将其作为关系到具体创意的思考法介绍给读者。

本书将直面"无知""知"等抽象概念，尤其是PART Ⅰ、Ⅱ中的讨论，非常抽象，部分读者可能会感到难以理解。若出现这种情况，建议这部分读者把PART Ⅰ、Ⅱ当作"要点"，从相对容易理解的PART Ⅲ开始读起，然后再回头去读PART Ⅰ、Ⅱ。

希望读者能理解"用以发现新问题的思路"的机制，重新审视"无知、未知""上位概念""元视角"。只要读者能够想出打破旧有的"常识之墙"的创意，向着新领域不断跃进，本书的目标就算达成了。

细谷功

目 录

前　言　1

PART I　"知"与"无知、未知"
　　　　　阐明其结构　1

1.1 "未知的未知"这一死角　4
　　你能列举出几个"便利店里不出售的东西"　4
　　拉姆斯菲尔德所说的"未知的未知"　8
　　"常识"是位于"已知的未知"外侧的墙　11

1.2 "知"是"事实和解释的组合"　13
　　什么是"事实"，什么是"解释"　13
　　事实是零维，解释是N维　15
　　解释就是"分"和"连"　16
　　"画线"须明确"方向"和"长度"　18
　　知识是"可重现"的快照　21
　　想象和创造是指"知识的重构"　23

1.3 "无知、未知"的思考框架　25
　　"无知、未知"和"三个领域"　26
　　通过"维度"所见的三种无知　30
　　关于无知的对立轴　39

1.4 已知和未知的不可逆循环　45

"知"和"未知"扩张的边界　45

"无知、未知"和"知"的循环　47

"无知管理"的思维方式　49

1.5 苏格拉底和德鲁克所提倡的"无知"的两种视角　51

"元认知"是基于"无知之知"的意识的原点　51

用无知重置既有知识　52

你能做到unlearning（舍却所学）吗？　54

德鲁克所说的"无知"的活用法　57

PART Ⅱ　"解决问题"的困境
　　　　　能"解决问题"的人不能"发现问题"　59

2.1 "知（识）"的困境　62

"问题"源自事实和解释的乖离　63

创新者是指"重新画线"的人　66

模式识别有助于理解，模式化导致死脑筋　68

"画线"导致"出乎预料"　69

定义问题造成"封闭体系"　70

2.2 "封闭体系"的困境　72

"封闭体系"和"开放体系"的循环　73

"公司"这一"封闭体系"也会成长、退化　75

同样适用于人类的"封闭体系"的困境　76

2.3 "解决问题"的困境　78

从下游的解决问题到上游的发现问题　80

9

上游和下游是不连续的　82

社会、企业、学校被"下游"最优化的原因　86

PART Ⅲ　"蚂蚁的思维"vs."蝈蝈的思维"
从解决问题到发现问题　91

3.1 "蚂蚁思维"与"蝈蝈思维"的差异　94

蚂蚁与蝈蝈的思维的三个差异　95

判断是蚂蚁还是蝈蝈的检查表　98

3.2 从"存量"到"流量"　101

当蚂蚁的美德瓦解时　101

"有产者"与"无产者"的区别　103

从"未知"="不知道的事"开始思考的蝈蝈　105

积存"已知"="知（识）"的蚂蚁　106

3.3 从"封闭体系"到"开放体系"　108

"画线"的蚂蚁与"不画线"的蝈蝈　109

重视"中心和序列"的"封闭体系"　113

"二选一"的蚂蚁与"二分法"的蝈蝈　115

"封闭体系"思路的优势和弱点　116

3.4 从"固定维度"到"可变维度"　126

为了"升维",要以"上位概念"思考　126

是使固定变量达成最优化,还是创造新的变量　134

各单位所体现的经营管理的维度的不同　137

低维比高维容易理解　139

"固定的蚂蚁"与"可变的蝈蝈"的对立结构　140

3.5 从"奇点"出发的问题发现法 144

"奇点"是如何产生、进化的 145

蚂蚁和蝈蝈对待奇点的不同反应 147

权力阶层 vs.革新者 149

画线？ 不画线？ 153

奇点进化例——智能手机时代的信息安全 154

用来思考"奇点"的框架和练习题 155

奇点发现法——着眼于"禁止""其他" 156

3.6 蚂蚁和蝈蝈能否共存共荣 158

各领域的蚂蚁和蝈蝈 159

在"二维"中，蚂蚁常占据压倒性的优势 162

蝈蝈在蚂蚁窝里跳不起来 163

互相怎么看 165

通过"元级"克服对立结构 168

决定是蚂蚁还是蝈蝈的性格和环境 171

PART Ⅳ 发现问题所需的"元思考法"
升维发现问题 173

4.1 上位概念与下位概念 176

上位概念是指用以思考的解释层 176

上位概念是指用"元"思考 179

脱离"现在、这里、这个" 180

"无知之知"是"元认知"的产物 182

4.2 通过"抽象化、类推"升维 184

"分类"是源自抽象化的上位概念　185
　　"关系与结构"的抽象化　186
　　不用方程式难以教算术的理由　188
　　抽象化没有"公民权"的理由　191
　　作为抽象化应用的"类推"　192

4.3 通过思考的"轴"升维　200
　　思考的"轴"是指解释的方向性　202
　　思考的"轴"的三个种类　204
　　"多样性"之所以重要的理由　205

4.4 通过"Why（上位目的）"升维　207
　　目的与手段、原因与结果是"一个道理"　207
　　"为什么？"是向上位概念回溯的唯一口令　209
　　"How型疑问词"的"维度"　211
　　只有"为什么？"能"重复5遍"　211
　　以上位目的思考的Why型思维　213
　　通过Why型思维"改变赛台"　216

4.5 为了活用"元思考法"　217
　　与上游工作契合的元思考法　217
　　上位概念的工作不可能"分担"　217

后　记　222

阐明其结构

PART I "知"与"无知、未知"的结构

PART II "解决问题"的困境

PART III "蚂蚁的思维" vs. "蝈蝈的思维"

PART IV 发现问题所需的"元思考法"

未知的未知 | 已知的未知 | 已知的已知

发现问题 ←对立→ 解决问题

"蝈蝈的思维"
① 流量
② 开放体系
③ 可变维度

↔

"蚂蚁的思维"
① 存量
② 封闭体系
③ 固定维度

"元思考法"
· 抽象化、类推
· 思考的"轴"
· Why型思维

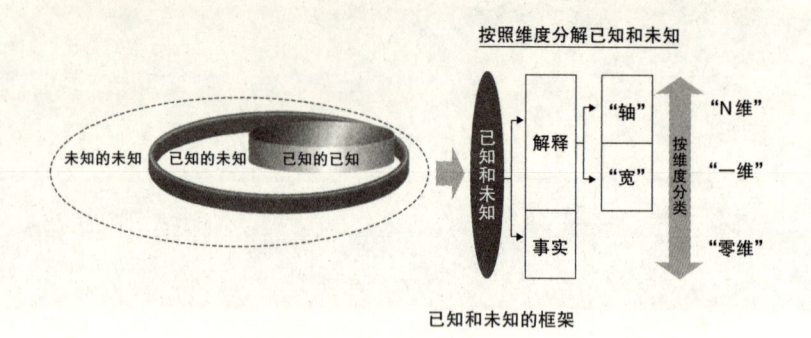

PART I 的整体概念图

按照维度分解已知和未知

未知的未知 | 已知的未知 | 已知的已知

已知和未知 → 解释 → "轴" — "N维"
　　　　　→ 事实 → "宽" — "一维"
　　　　　　　　　　　　　　　— "零维"

按维度分类

已知和未知的框架

PART I 的要点

- 思考时要将知的世界分成"三个领域":"已知的已知""已知的未知""未知的未知"。
- 尤其重要的是,要把未知的领域一分为二,意识到"不知道自身还有不知道的事"="未知的未知"这一领域的存在。
- "知"是"事实和解释的集合体",知识即定义为该集合体的快照。
- 通过"维度"理解"知"和"无知、未知"的世界,而维度大体上可分为事实(零维)、宽(一维)、轴(N维)。
- 活用苏格拉底和德鲁克所提倡的"无知"的两种视角,有助于发现问题。

在 PART Ⅰ中，我将尝试对发现问题所必需的"无知、未知"做结构化处理，将其作为框架呈现，进而通过与"知（识）"的对比，从多个角度切入，对无从捉摸的"无知、未知"进行整理和讲解。

在"知识是一切的原点"的（狭义的）解决问题的阶段，为了把"已知的未知"变成"已知"，使固定变量达成最优或者比喻为"给固定轮廓中的空白图案上色"——这一点至关重要——就需要灵活运用已经具有一定体系的知识。

与之相对，在发现问题的阶段，模糊性和不确定性较高，此时要求的则是"找出变量本身"，所以需要在运用既有知识的基础上发挥新的创造性，因此着眼于"无知、未知"就会变得很关键。

那么，着眼于"无知、未知"具体该怎样做呢？本应无所不能的知（识）为何有时反而会变成消极因素？无知和未知何以能成为积极因素？下面我们就来一同寻找这些问题的答案。

1.1 "未知的未知"这一死角

"根本没意识到自己不知道"以及"无知、未知",它们有何意义? 让我们先来找出需要着眼于此的动机。

首先,作为全书的绪论,这里会利用简单的练习和常见的事例,同大家分享把视角从"知(识)"拓展至"无知、未知"的过程。

●你能列举出几个"便利店里不出售的东西"?

请备好纸笔,实际动手尝试解答以下问题。

两个问题为一组。限时一分钟,请尽可能多地列出答案。

【问题①】"列举便利店里出售的东西"(限时一分钟)
【问题②】"列举便利店里不出售的东西"(限时一分钟)

你列出了哪些东西? 有多少个?

其实稍经思考就会发现,回答这两个问题需要"不同的思路"。

问题①"列举便利店里出售的东西",相对而言比较简单。想必九成以上的读者都会想起自己常去的便利店,然后从货架的一端开始逐次"浏览",同时列出这些商品:"饭团、盒饭、副食品、乳制品……"如果单词的"细度"(例如饭团所用的具体食材等)暂且不论,则几乎所有列举出来的商品都是这样的。

可以说,这同我们依赖"已有的知识和经验"思考创意时的"用脑法"是一样的,即找到脑中的"货架"——也就是自己已有的知识和经验,然后从一端开始浏览,按需取出上面的物品。在这种情况下,思路的个体差异是非常少的(大家的想法都一样)。

那么,"不出售的东西"又如何呢? 这个问题不同于前者,其思路和答案因人而异,千差万别,能够如实体现"头脑的灵活度"。

首先,无法摆脱"已有的知识和经验"的人,会想起与便利店类似的其他商店,例如百货商店、家电卖场等,然后仍旧在"货架"上浏览商品,如钱包、皮包、鞋、服装、寝具、冰箱、手机,等等。总之比起前一个问题,只有"货架的种类"变了,思路还是完全一样的。

头脑再灵活些的人,会扩大范围,想到与便利店差异较大的商店,比如各种兴趣爱好用品的专营店,然后在这类商店的"货架"上浏览商品,如"自行车、钓鱼竿、高尔夫球、滑雪板、小提琴……"然而,这种思路仍未脱离"知识和经验"的范畴。

头脑更灵活的人,可能会想到"大件"(汽车、房屋)或"奢侈品"(珠宝、高级手表),甚至还可能想到下面这样的答案:

- (不属于产品的)"服务"(保洁、咨询……)
- "生物"(狗、蛇、独角仙……)
- "无形之物"(电、煤气、空气……)
- "极巨大或极昂贵的东西"(银河系、非洲之星……)
- "以前有而现在没有的东西"(平安时代的空气……)
- "本就不是商品的东西"(爱、人行横道……)
- "世上根本不存在的东西"(永动机、时光机……)

……

"便利店里不出售的东西"其实是无限多的,如图1-1所示

图1-1 便利店里不出售的东西的范围的扩张

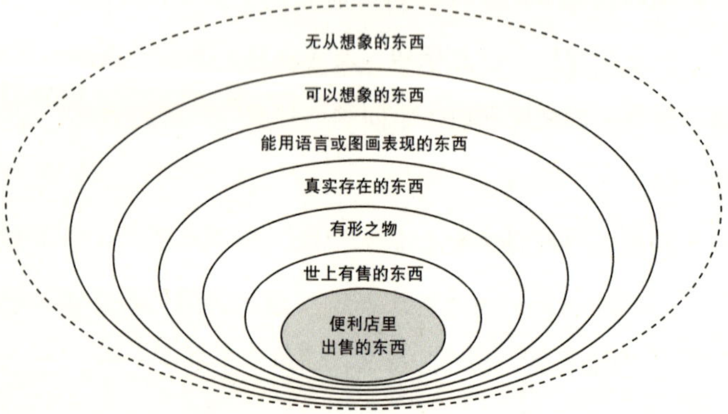

无从想象的东西
可以想象的东西
能用语言或图画表现的东西
真实存在的东西
有形之物
世上有售的东西
便利店里出售的东西

（这只是其中一例，若从其他侧面观察，还可能通过各种切入点进行不同的扩张）。

可以想到仙女座星系、宿醉、助动词、希格斯粒子、邪马台国、跳蚤的心脏、长生不老药……倘若进一步发挥想象力，还有迪士尼乐园的百年免费门票、无人能解的微积分、青春的苦涩回忆、跟源赖朝的握手券、奔跑时速高达200公里的蟋蟀……可谓无穷无尽。

总而言之，包括荒诞无稽的事物在内，"不出售的东西"是"应有尽有"的。然而我们听到这样的创意时，却常会做出"这样也行？"的反应。这正是一种"囿于固定观念"的状态。

虽然回答这个问题只需要一分钟，却能轻易检验出思维之环可以扩张多远（视野能扩张多远），亦即"头脑的灵活度"。

将这部分引导练习与"知（识）"和"无知、未知"联系起来，更能得出几条训示：

· 运用既有的知识和信息获得创意会更加简单快捷
· 想出创意的过程几乎不会因人而异
· 既有的知识和信息中存在"向心力"（知道得越多，越难摆脱）
· 轻易意识不到"根本没意识到自己不知道"
· 崭新的创意是指"乍看很蠢""引人发笑"的东西

此外，通过这样的引导练习，还能从各方面对创意有所意识。关于这部分的内容，会在本书的各章节进行讲解。

●拉姆斯菲尔德所说的"未知的未知"

经过上一节的"便利店例题"，本节将针对"未知的未知"这一"连不知道都不知道"的领域，重新思考它与"知（识）"的相对关系。

说起"无知、未知"，有一段话值得注意。2002年2月12日，时任美国国防部长的唐纳德·拉姆斯菲尔德在记者会上被问及"伊拉克政府向持有大规模杀伤性武器的恐怖分子提供援助一说有何证据"时，他给出了闻名全美的回答：

> 首先存在知道自己知道的"已知的已知"（known knowns），然后存在知道自己不知道的"已知的未知"（known unknowns），另外还存在不知道自己不知道的"未知的未知"（unknown unknowns）。
>
> (There are known knowns; there are things we know we know. We also know there are known unknowns; that is to say we know there are some things we do not know. But there are also unknown unknowns-the ones we don't know we don't know.)

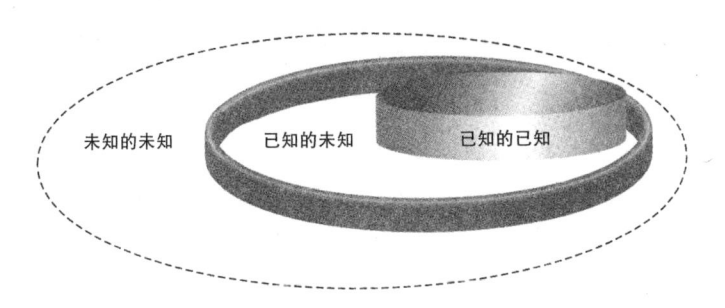

图1-2 拉姆斯菲尔德所说的已知和未知的三个分类

未知的未知　已知的未知　已知的已知

这里尤其值得注意的是，未知被分成了两类，在"已知的未知"外侧还存在"未知的未知"（图1-2）。这使我们重新意识到一件理所应当的事——关注"连不知道都不知道"的领域，是开拓知的世界的第一步。

无论个人还是企业等组织，通常存在一种误解和盲信，那就是以为"第二个环"的内侧——"已知的未知"和"已知的已知"就是"整个世界"。人们很容易忘记一个至理：人类的未知远超（足有天文学上的差距）已知。

正如图1-3所示，从内向外的第一、第二个环，其实只是

图1-3 "三个环"的相关误解和实际形态

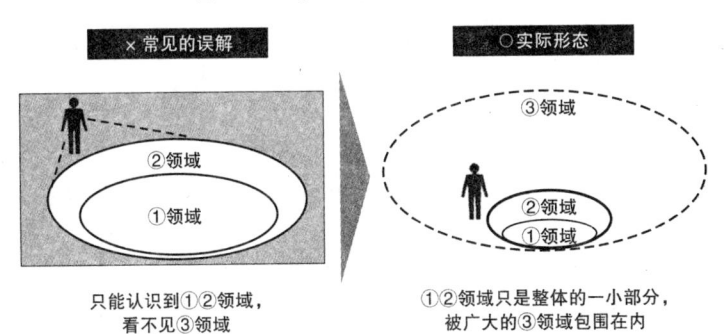

× 常见的误解
②领域
①领域
只能认识到①②领域，
看不见③领域

○ 实际形态
③领域
②领域
①领域
①②领域只是整体的一小部分，
被广大的③领域包围在内

我们所处世界的一小部分（如同宇宙空间中的地球）。可以说，深刻地认识到这一点是发现问题的基本前提。为了便于表现，"第三个环"也用线画了出来，但它实际上应该是无限的，是不停膨胀着的，完全可以代表"宇宙的尽头"。

这种体验与"便利店的引导练习题"类似。"便利店里不出售的东西"其实存在无限的可能性，但我们会在不知不觉间被"世上出售的东西"这一"知道不出售"的领域束缚，至于其外侧那无限大的领域，则甚至连想都想不到。

除此之外还有不少这样的例子。后文还会提到，我们会被这个"外侧的环"以各种形态"包围在内"，很难发现其存在。这也恰恰关系到"无知之知"的重要性。

例如在风险管理的世界里，人们会设想可能发生的风险并思考相应的处理办法。但实际上，作为风险而被认识到的风险（可能发生哪些事）已然属于"已知的未知"，而真正应该考虑的是"甚至无法设想的事"，也就是"未知的未知"。"出乎预料"这个词有两层含义，一是"未知的未知必然存在，所以就算知道也无计可施"；二是对于"未知的未知"这一领域毫无预料。对于风险管理而言，后者是很糟糕的状况，正是"对于未知的未知连想都没想过"的典型。

举个例子，比如用互联网检索引擎搜索信息。我们往往会陷入一种错觉，以为任何未知的信息都能搜索出来，但实际上，当你想到要输入"关键字"的一瞬间，搜索出来的结果就必然无法脱离"知道自己不知道"这一领域，而真正的"连不知道都不知道"，则处在其外侧无限扩展的"连关键字也想不出来"的领域。

● "常识"是位于"已知的未知"外侧的墙

再把"三个领域"扩展到商业顾客的范围来看。既有顾客处于最内侧的环里；被视为现有市场的对象顾客——"知道有可能购买，还没买"的顾客处于第二个环里；目前甚至还没被设想为顾客的人，即所谓的"未创造"的顾客，处于第三个环里。

德鲁克曾经说过："商业就是创造顾客。"身处稳定业界的人，总是容易张口闭口"有或没有市场"，这恰恰体现了局限于"第二个环"内侧的思路。可以说，德鲁克的那句话直截了当地呈示了一种精神，就是要着眼于第二个环的外侧。

世间所谓的"常识"也正是如此。可以说，位于"已知的未知"外侧的墙，其名即为常识。在这种情况下，世间"非常识的"行为和现象自然并非不可见，但就算能亲眼见到"事实"，人们仍会建起一堵名为"常识"的隐形之墙，并在墙上安装过滤器，把墙外侧的"非常识的"领域排斥在外，认为那不值得思考。也就是说，即使亲眼能见，也认识不到其存在。

世间所谓的常识，终归是虚幻的东西，会因时间、场合、地点而改变。昨天的常识可能变成明天的非常识，这个业界的常识可能是那个业界的非常识。依着固守常识的事物观，反而看不见重要的东西。也就是说，我们不仅会陷入无知的状态，更会陷入没意识到自己正处于这种状态的"无知的无知"的状态。

举个身边常见的例子，比如在职场上，上司叫下属"拿出更有新意的创意！"可一旦下属提出"真正有新意"的创意，上司无非会给出"其他公司也在做这个方案吧？""这个构想为时尚早"之类的评价。这其中的结构，也可用上述的"三个环"来加以说明。

上司所说的"有新意"，根本没脱出"第一个环的外侧，第二个环的内侧"这一领域，而且恐怕连上司本人也没意识到这个结构的存在。下属提出的创意，却处在（对于上司而言）"第二个环的外侧"。突然"有新意"到如此程度的创意，往往会遭到上司的否定。

此外，"三个领域"是因人而异的。对于某些人而言属于"已知的未知"这一领域，对于其他人而言可能就是"未知的未知"。

我们即使在无意识中谈到未知的领域，也往往是在谈论"已知的未知"，对于连不知道都没意识到的"未知的未知"这一领域则毫无意识。

在本书中，基于对"未知的未知"所意识到的"无知之知"的思考被称为"开放性思考"。相对地，处于对"未知的未知"毫无意识的"无知的无知"状态下的思考被称为"封闭性思考"。如何才能有意识地实践"开放性思考"，使之为己所用呢？首先，我们来思考本书中的"知"和"知识"指的是什么。

1.2 "知"是"事实和解释的组合"

在思考"无知"和"未知"之前,我们先来明确其对立概念——"知(识)"在本书中的定义。"知(识)"是我们平时不假思索就拿来用的词语,各人对其定义的理解大概是千差万别的。"什么是知(识)?"若真正探究起来,这是一个十分深奥的课题。本书考虑到实用意义及其与"无知"的关联性,或者说是与本书中的信息和思考法的关联性,简单定义如下:

- "'知'是事实和解释的集合体"
- "'知识'是可再利用的'知'"

● 什么是"事实",什么是"解释"

我们先来明确"事实"和"解释"的关系。首先,事实和解释的关联性如图1-4所示。

人类为了获得"知",会以模式化的形式表现自己认识和理解到的状况。像是自然界中存在的物体、现象,或是种种(比

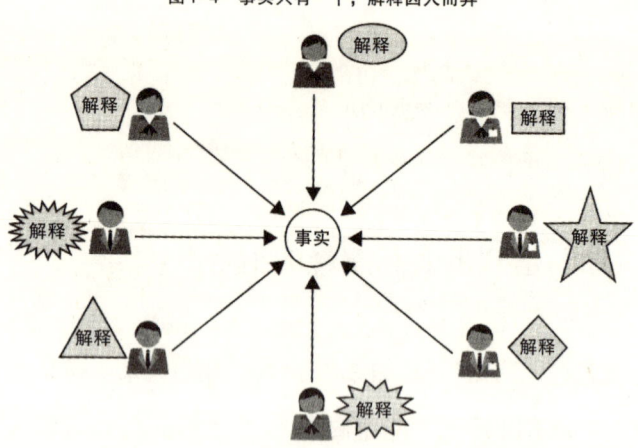

图1-4 事实只有一个，解释因人而异

如"××如何了"）真实存在的、不因人而异的对象，本书将其定义为"事实"。反之，可能因人或时代而变的对象，本书将其定义为"解释"。"事实"通常有实体，一般能"通过五感感受到"，或者至少也能用语言表述。相对地，"解释"主要来自人类的大脑，既有能表述的，也有不能表述的（不能表述的知，就是所谓的"隐性知识"）。

事实与解释的特征对比，如图1-5所示。

图1-5 事实与解释的对比

事实	解释
不因人而异	因人而异
不随时间改变	随时间改变
不会老化	会老化
中立的	既可能是毒药，也可能是良药
无"维度"	有"维度"

事实不因人而异，对于任何人而言都一样，是"客观"的；解释则因人而异，千差万别，是"主观"的。事实本身不随时间而变（例如像"某某时间的什么什么"一样限定在某个时间点），事实（即使是同一个现象）的解释则会随时间而变。例如，历史事实会随时代及当时掌权者的意向而发生变化。

再比如，对于"A公司本年度的利润比去年提高了5%"这一"事实"，可以有诸如"去年比前年提高了10%，说明进步变慢了""即便如此，对比业界标准也是相当好的业绩了""从提高营业额的角度来看，利润率很低"等多种"解释"。

事实是中立的，其中不存在"意思"，所以事实本身是没有善恶的。意思存在于解释当中，所以其中包含着因人而异的对善恶的价值判断。

●事实是零维，解释是N维

也可以说，事实是"点"，因为"任何人从任何角度看都一样"。本书中的事实就是如此定义的（严格来说，零维的点"没有大小"，所以是无法"看"的。这里用日常所说的"点"的形象来解释）。

例如，"线"和"面"就不一样。"线"从不同的角度看，可能会变长或变短；至于"面"，以从中截出的"正三角形"为例更容易理解。从正面看，三角形的三条边线长度相同，但若改变角度斜着看，边线的长度就会发生变化，甚至连三角形也

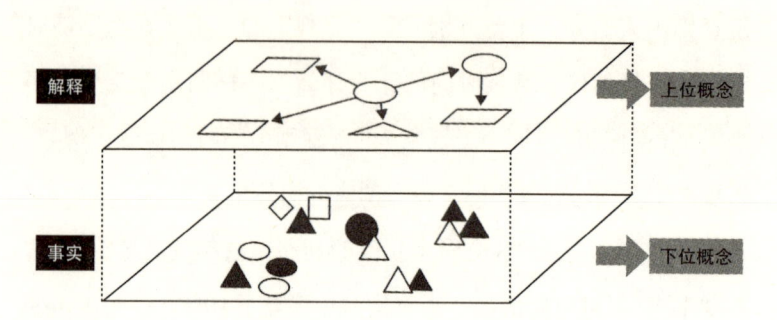

图1-6 事实和解释的形象图

解释 — 上位概念

事实 — 下位概念

不复存在。立体的情况也一样。

这里向知的世界引入了"维度"的概念。事实是"点",是零维,也就是"没有维度"。与之相对,解释是从多个视角对事实的看法的组合,可以理解为是由"多个维度"构成的。这对于之后的讨论有重要意义。

●解释就是"分"和"连"

"事实"相对容易理解,"解释"则有些抽象,不太好理解,所以下面我们再做进一步的思考。

深究起来,本书中的"解释"可称为"分"和"连"的组合。人类在认识各种事实时,首先会明确对象事象与其他事象有何不同,属于什么类别,然后将其与各种事象、事件联系起来。所谓的"分"和"连",换言之就是"分类"和"建立关系"。

可以说,我们的绝大多数认知行为都是这样的组合。

例如,绝大部分语言能力便是连续的"分"和"连"。所谓

"分"，就是捕捉对象事实或概念的特征并加以抽象化，使之与具备其他特征的事象区别开来。

人们常说，"理解"的含义就是"分"。也就是说，"分"是人类理解事物的基础之一。那么，"分"究竟是指什么呢？ 在本书中，"分"是指在某集团与其他集团之间"画线"。

线该怎么画？ 就是要捕捉集团中的某个特征，将符合该特征的事象与不符合该特征的事象区别开来。为此需要针对某一属性，将除此之外的其他性质统统抛弃，根据有无该属性来把集团一分为二。

如此一来，人类就能通过"分"认知事象，将其转换成语言或数学公式。例如，彩虹之所以看起来有7种颜色，也是因为人们在一定程度上将原本连续变化的颜色分割开来，通过"画线"造成了不连续，而并不是说自然界的彩虹本身就有界线。此外譬如国境、选区等，皆是如此。只要是真正的自然事象，本身都没有界线，"画线"的是人类。

为了给事象命名，须将其与其他事象"分"开。为了使已掌握的、已用语句完成表述的事象变成有意义的信息，还须以文章或列表的形式将其组合起来。

数学公式也是如此，首先要把经过分类、整理的元素通过建模组合起来。从这一点上可以说，数学公式与语言的操作方式是一样的。

无论是用来理解自然现象的自然科学，还是用来理解社会现象的社会科学，都需要将复杂的事象经过建模后记述下来，而要想实现建模，就必须定义对象（分）并记述相关性（连）。这正是"分而连之"的范例。

还有"分"和"知"的关联。知，就好比"分辨率"，意味着"能分解到多细的程度"。例如，在"文科生"看来，理科和工科大概是"完全一样"的，但在理科生眼中，二者是完全不同的学科。

反之亦然。在不懂经济学的"理科生"看来，"微观经济学"和"宏观经济学"肯定也是"完全一样"的。也就是说，知就是可以进行细致分割的区分能力。

在商界同样如此。例如市场营销，根据特性区分顾客的客户细分就属于"分"。可以说，将其与特定的技术或产品等"诀窍"联系起来以满足顾客需求的计划的制订，正是通过"分而连之"实现"理解顾客"的实践例子。

● "画线"须明确"方向"和"长度"

对于"解释"这一"知"的构成要素而言，"画线"是不可或缺的。要想画线，须事先明确"方向"和"长度"。这里所说的"方向"，也包括"坐标轴"本身。比方说，就算是一维，也存在一正一反两个方向，二维的平面世界则可以认为有"360度"的方向性。这里所说的"方向"，指的是基于什么样的"坐标轴"这一"轴"本身。而且一旦这个"轴"确定下来，就需要明确在其中的哪个范围画线，也就是要明确位置或作为位置差的"长度"。亦即是说，在具备"方向"的视角中，长度代表了"程度"或"尺度"。

这就是"解释"的两个要素。结合刚才提到的"维度"来考虑，由于长度是特定坐标轴上的两点间的距离，所以可将其视为"值"，即一维，而将方向视为各坐标轴本身，即多维。也就是说，长度、宽度、范围是一维，方向（仅从方向的数量这一意义而言）是N维。这些对应关系在后文关于"无知、未知"的讨论中也会用到。

仅有事实或仅有解释，也能构成知识。例如，我们上学时背诵的"某地产金""应仁之乱始于1467年"等等，就是仅有事实的知识。而纯粹的理论（逻辑的展开方法等）、定律、公式或框架，则是仅有解释的知识，向其中"代入"事实，就能形成可具体实践的知。

解释的代表例是"相关性"。例如，牛顿第二运动定律（F=ma）便是"力（F）与质量（m）和加速度（a）的相关性"这一知的具体实例。"拿在手中的物体，松手就会下落"也是与"因果关系"存在相关性的知。

再举个生活中更常见的例子，比如通过日常闲谈来理解、想象其中登场人物之间的"关系"，也属于解释中的"相关性"。

即使对于同一个事实，解释也会因人数而定。进一步说，就算只有一个人，解释也可能随时间、场合而变，所以理论上解释是有无限多的。其实，随着事实的增多，解释的数量甚至会达到天文数字。

现实中的事实和解释极少脱离彼此而单独存在。在大多数场合，二者会成为浑然一体的"组套"，很难分离开来。尼采曾经说过："事实并不存在，存在的只有解释。"因为事实是经过解释后才被人类认知的，所以不会独立存在。

本书只是在讨论的概念上，才将二者分开处理。

此外，本书将"事实和解释的集合体"，即知的静态固化物定义为知识。我们可以尝试将这一定义套用于身边的具体概念。

表述知识时，不可或缺的构成要素是"语言"、"数字"和"概念"。它们无疑是构成绝大部分知识的要素，其共同点是"抽象"。抽象是"分"和"连"的集大成者。

这是因为，将具备共同特征的事象归为一类，与其他事象区别（分）开来，命名后再"同等对待"（连），正是抽象化的基本行为。

"概念"也是先捕捉个体事象的集合体的共同点，然后加以抽象化并命名而成的，所以也适用于解释"分"和"连"的固化物这一定义。

除此之外，表述知识还有其他切入点，那就是"分类"和"体系化"。例如，植物学、动物学、生物学的许多内容都是建立在分类和体系化之上的。为具备相同特征的多种动植物命名，再有体系地对其进行分类，也可称为"分"和"连"的集大成者。

分类和体系化所不可或缺的是思考的"轴"。这里的"轴"，指的是通过"大小""重量"等变量来表现的一个"维度",也通过相互对立的两个"极"来表现(例如"北和南""是××,而不是〇〇")。由于它们是在捕捉各种事象的特征后投影在轴上的,也是抽象化的产物,所以是上述的知识表现方法的派生。

某个思考的轴,加上基于该轴某分类所组成的"思维组套""思维略图"等,通常被称为"框架"。用某种思维方式的"画线法"组成套后加以模板化,可说是知识的一个典型模式,这也正是"分"(以"轴"的形式)"连"模式的一例。

在人类所积累的知识里,"画线"这一要素在"分"和"连"中都占有重要的位置。但如后文所述,在构思新创意时,它也有可能成为障碍。这是本书的要点之一。

●知识是"可重现"的快照

前面所讲的"事实"和"解释"的关联,适用于人类所有与"知(识)"有关的认识和理解。例如,接触45℃的热水会感到"热",这一状况也可从概念上分成"存在45℃的水"这一"事实"和觉得水"热"这一"解释"来理解。不过,仅仅如此只能叫"认识",还称不上"知识"。这是因为,这样的理解只限于该场合,通常对于其他场合是没有任何作用的。

本书所说的"知识",是指通过抽象化或分类,将这样的认识以某种形式表现出来,形成可重现的状态。

归纳前述的分析,作为"事实"和"解释"的可重现组合的知识，其形象如图1-7所示。

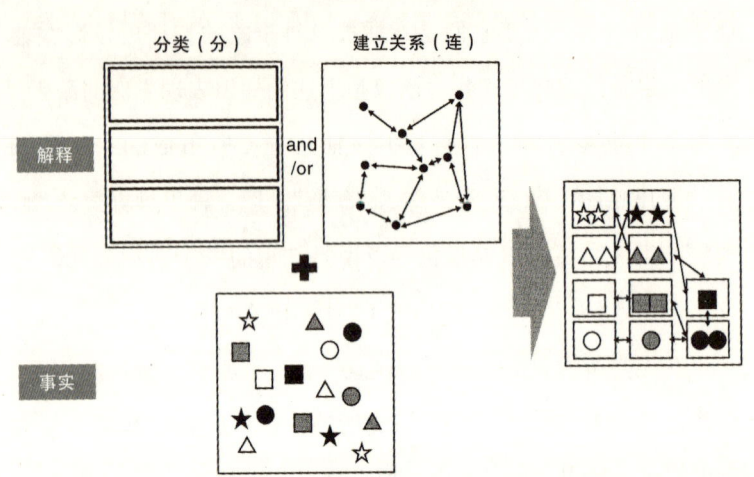

图1-7　知识是事实和解释的快照

以"分"和"连"的形式，使一个个事实经过分类、建立关系所形成的集合体，就是知。其静态固化物，即所谓的"快照"就是知识。假如知识只是事实和解释的集合，那就跟通常的认识和理解的"知"没区别了。而为了某个目的使其重现，是使知真正成为"知识"的另一个要素。也就是说，如果把"知"本身比作动态的东西，那么以静态的形式将其固化而成的东西就是知识。换言之，根据本书的定义，知识并不存在时间维度。实际上，这也是作为"快照"的知识的阿基里斯之踵。

所谓的可重现，要么是通过语言化等手段而拥有形态的"显性知"，要么是没有形态、只存在于头脑之中的"隐性知"，总之都必须经过固化。也就是说，知识必须是某时间点上的事实和解释的快照。

快照和"照片"一样,能够移动、保存,能"随时""随地""给任何人看",也就是确保了"When/Where/Who 的可移植性"。但同时它也有缺点,那就是每一张快照终究都会变成深褐色,也就是"陈旧"。

正如后文所述,这关系到以"无知"形式重置大脑的必要性。知识迟早都会变得陈旧,可由于环境变化,人类往往意识不到知识正在变得陈旧,结果一直固执墨守。为这一危机敲响警钟的,便是"无知的重要性"。

●想象和创造是指"知识的重构"

知识必须是"可重现"的,而"重现"的方式大致有两种,一种是将作为快照固化的知识"原样不动"地重现使用,另一种是将知识的解释部分打散,然后重新进行"分类"和"建立关系"。

后者属于"思考"行为,是想象和创造的组合。因此对于想象和创造而言,知识这一"材料"是不可或缺的,主要是为了获得崭新的创意而对其"解释"部分进行重置。也就是说,在本书中,知识=静态,思考=动态,二者是区分开来的。人们常说,绝大多数"创意"都是既有想法的组合,这下大家应该明白是怎么回事了吧。

反过来说,停止思考指的就是既有解释"固着"而不流动的状态。因为"使解释固化"后可再利用的是将之变为知识，而使其流动化后加以重构的是思考行为。这是一种"无知"，是创造和想象所不可或缺的本质的结构。

对于以某种形式经过固化而可重现的知识，本书将其作为一个体系来对待。正如"建立体系"这一表达方式所示，在多数场合，知识都是作为一个互相关联的统合整体而存在的，在这个意义上即可作为体系处理。相对而言，单独的事实或信息是不能称为体系的。本书所说的事实和解释，以及由具备多个解释的维度所构成的复合体，均被定位在这里所说的体系当中。之所以非要如此处理，是因为后述的"开放性体系"和"封闭性体系"的区别对于知识和无知的考察而言非常重要。

1.3 "无知、未知"的思考框架

用一句话表述"无知"和"未知",可以有多种方式。知(识)与"无知、未知"并非平等的对立概念,而是非对称的,同时还存在单向通行的不可逆性。关于这一点,只要想想"有"和"无"的关系(例如,证明"无"的难度远高于证明"有"),或是"有限"和"无限"的关系就能明白。尤其是后者,无限的深奥程度远超有限,同时无从捉摸,这跟知(识)与"无知、未知"的关系是一样的。

本书的主题是"无知、未知"的活用,所以针对上一节整理的"知(识)"及其对立概念——"无知、未知",均已事先整理出若干视角作为考察的框架。关于我们平时几乎意识不到的"无知、未知",本书从多种视角出发,对包括书中用语的定义和范围在内的对象进行了分类,希望能在后面的章节中帮助大家认识到应该如何发现问题,如何具体构思。

很少有像"无知"和"未知"这样难以分类、整理的(所以才称其为无知和未知)。话虽如此,世上的无知和未知有各种存在方式，而且每个人的理解方式也不相同，所以本书将尝试对这种种侧面做一整理。

● "无知、未知"和"三个领域"

有些用语，人们向来是不假思索就拿来用的。在这里，我们先来明确这类用语在本书中的区别。关于"无知"和"未知"的区别，本书以"不知道"这一认知状态为"无知"，而以作为其"对象"的事实和解释（不知道什么）为"未知"。

因此，拉姆斯菲尔德的框架中对于"知道/不知道的对象"，使用的是未知一词，而在表述人类理解的时候，则使用了"无知""无知之知""无知的无知"这样的措辞。

本书同时提及二者时，统一表述为"无知、未知"；单独提及时，则分别表述为"无知"、"未知"。

下面再来思考"知""未知"的"三个领域"与发现问题、解决问题的关联。

可以说，（狭义的）解决问题就是将拉姆斯菲尔德框架中从内侧数的第二个环——即"已知的未知"这一领域，变成最内侧的"已知的已知"（图1-8）。

如前文所述，钻研欧美企业能做到而自己做不到的领域，通过贯彻标准的分析而努力赶超并最终达成最优化，是日本汽车和电机界向来的取胜模式。可以说，最优化就是指能够消除瑕疵、使某个框架内部达成最佳状态的思路，是"知道自己不

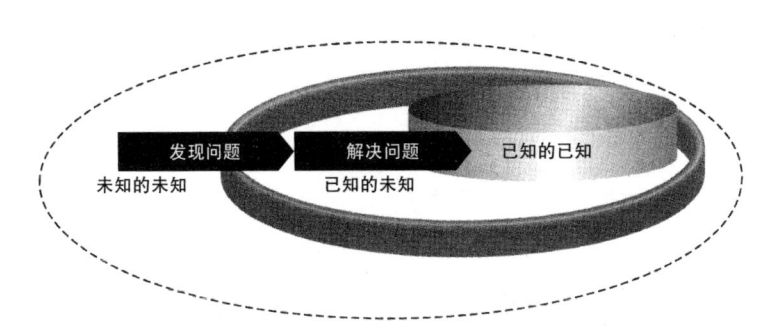

图 1-8 "知"的三个领域与发现问题、解决问题的关系

知道"（认识到目前做不到）这一领域内的胜负之争。

对"已知的未知"和"未知的未知"的探究，二者的区别用一句话形容，就是"寻找已经提出来的问题的答案"与"从问题本身开始寻找"的区别。也就是说，解决问题的要点正从"狭义的解决问题"变为"广义的解决问题"（发现问题+解决问题），而要想发现问题，首先应该着眼于"什么是我们不知道的"。

对此，基于"问"和"答"视角的整理成果如图 1-9 所示。

图 1-9 "广义的问题"与"狭义的问题"的区别

	有问题吗？	有答案吗？	
"已知的已知"	有	有	➡ 已解决（共享/活用对象）
"已知的未知"（"狭义的问题"）	有	无	➡ "解决问题"的主要对象
"未知的未知"（"广义的问题"）	无	无	➡ "发现问题"的主要对象

该图基于①"'答案'已知吗？"和②"最初的'问题'已知吗？"这两个视角，整理了我们身边常见的"问题"。如此一来，我们的日常课题就可以分为三个领域。

第一个是"问题和答案均已知"的领域，对应既有的经验和知识。该领域是在商业和日常生活中已经发生的事，重中之重是共享、保存以便今后活用。可以说，入学考试等场合的试题便是其代表。这里的解决问题只是单纯解答已给出的问题，而且在大多数场合，给出的问题是肯定"存在正确答案"的，所以只要集中精力于"如何有效、准确、快速地解答问题"即可。

以公司内部的业务而言，"日常工作"对应的便是这个领域，即经过标准化和手册化的、"任何人用同样的做法都能得到同样结果"的工作。

第二个是"问题已知而答案未知"的领域，狭义的"解决问题"便是指这一领域，也就是解决已给出的问题。例如关于"知道成本低的商品更畅销但不知道该如何实现"的产品开发等，对应的便是这个领域。日本以前格外擅长在这一领域战斗，而"问题已经给出"是大前提。

以入学考试的试题为例。稍微想一下就能明白，"出题"远比"答题"更难，况且这一领域所创造的问题未必全是"能够完美解答"的问题。然而学校的教科书或考试中出现的问题，与实际的复杂社会中的问题相比，只不过是"很小一部分简单的"问题而已。

以公司业务而言，"项目工作"对应的便是这个领域。所谓的项目，通常已确定特定的目标、时间周期及对象范围，而通过这些"目标、周期、对象范围"，工作中的问题便已有了明确的定义。

最后第三个领域，是"连问题也不知道"（自然也不知道答案）的领域。可以说，这是广义的解决问题，即发现问题的领域。当今商界的不确定性很高，仅靠因循守旧地思考并不能取得成功，因此必须创新，所以真正应该关注的部分正以压倒性的比例转向这一领域，而"第二个领域"已在逐渐成为新兴国家的主战场。

正如前文所述，开篇介绍的拉姆斯菲尔德框架中所说的"三个领域"，与此处的分类几乎完全一致。也就是说，"已知的已知"对应知识和经验，"已知的未知"对应狭义的解决问题，最外侧的"未知的未知"对应这里所说的"第三个领域"。

总而言之，"已知的已知"就是已解决的（有答案的）问题，"已知的未知"就是未解决的问题，"未知的未知"就是连问题还未提出的事象。

再通过解决问题的流程对此进行整理，如图1-10所示。

画线即处于定义问题的阶段，在规定好的范围内"上色"是狭义的解决问题。思考"白纸上的哪块地方可能存在问题"是发现问题，那么接下来画线就是定义问题。

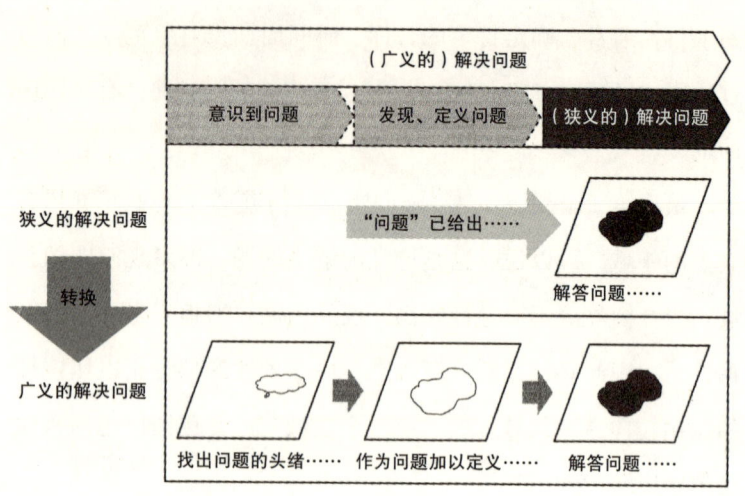

图1-10 意识到问题→发现问题・定义问题→解决问题的流程

●通过"维度"所见的三种无知

接下来要定义的无知的视角，是与知相对应的无知的"维度"（图1-11）。

这里要对通过维度所见的"三种无知"做些说明。零维=事实的无知，一维=范围的无知，N维=维度的无知。

本书最重要的视角，就是"维度"这一思维方式。无知也有多种"维度"。本书将在意识到这一视角的基础上分析世间的种种无知，并给出活用"无知"的切入点和思路。

事实的无知和解释的无知

如图1-11所示，下面把对应于知识的"事实"和"解释"

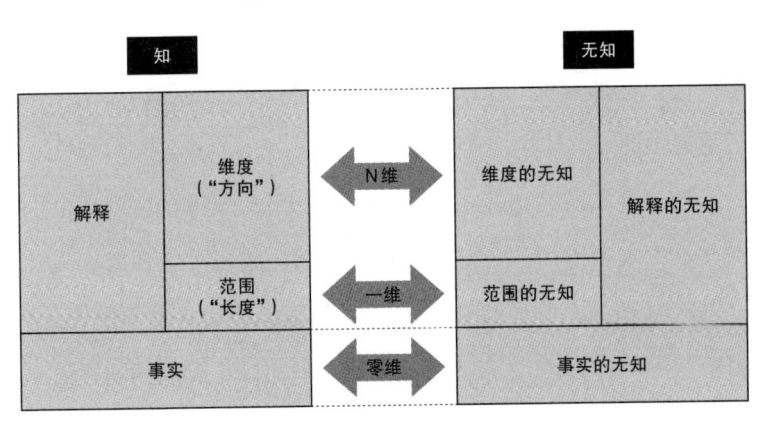

图1-11 "知"和"无知"的维度

知		无知
解释	维度（"方向"） ↔ N维	维度的无知 / 解释的无知
	范围（"长度"） ↔ 一维	范围的无知
事实	↔ 零维	事实的无知

的无知分开来思考。先从所有人都能轻易理解的"事实的无知"开始说明。

"那人对于○○很无知"，通常指"事实的无知"。政治家不知道简单的史实或地理、身边的人不知道汉字的读法……人们日常谈论的这些话题，也几乎都是"事实的无知"。

"事实的无知"是"重罪"吗？ 一般来说并不是什么大过。政治家若不认识简单的汉字，会被国民嘲笑，但这是"所有人都能轻易看出的无知"，并不会直接损害国家的利益。

至于"解释的无知"，是指知道事实，但没有用于解释事实的框架、分类方法或"视角"。例如，一个人意识到了"汇率正在剧烈变动"这一"事实"，却没意识到事实的解释，即这件事对于国家利益或企业的意义，因而没有采取任何应对措施。这种情况就属于"解释的无知"。

此外，对事象的原因、目的等"相关性"毫无意识的无知，也对应"解释的无知"。所谓科学，即是指将诸般事象的相关性作为定律记述下来。从这一点上讲，追寻"未知的相关性"可谓是科学的一大动机。

与"事实的无知"相比，"解释的无知"是自己难以察觉、别人也很难指出的。由于"解释的无知"是当事者和周围人均难以察觉到的，所以与任何人都能轻易理解的"事实的无知"相比，"解释的无知"很少造成问题，但实际上，它的问题才是根深蒂固的，也有可能导致决策上的决定性错误。因此，真正应该着重关注的问题恰恰是"解释的无知"。

对"事实的无知"与"解释的无知"的对比的归纳，如图1-12所示。

图1-12 "事实的无知"与"解释的无知"

事实的无知	解释的无知
容易察觉	难以察觉
"可耻"	"不可耻"
影响小	影响大
易改善	难改善

↓

本书的主要对象

其中，"解释的无知"是本书的主要研究对象。正如前文所述，"解释的无知"不仅难以察觉，处理起来也比"事实的无知"困难得多，但它触及本质性问题的可能性也要远远高于前者。

此外，关于难以察觉的"解释的无知的无知"，可以用认知偏差的无知做例子。所有人在理解事实的时候，多少都会存在一些偏差，或是以自我为中心去看待问题，或是对于最近发生的事印象更深刻，又或是选择性地放大对自己有利的事，对自己不利的事则装作视而不见。实践"无知之知"的一个侧面，就是要意识到"解释的无知"并将其重置，从而在无偏见的状态下进行思考。

范围的无知

这里再把"解释的无知"大致分成两部分。一是持有某种视角或事物观，但并未意识到在该视角中所见的范围是有限的，即"有范围的无知"。打算通过某视角纵观全局，却（并未意识到）只能看见局部的状态即属此例。"视野狭隘"这一表述所对应的便是这种"有范围的无知"，或是作为其元级（上位）的"有范围的无知的无知"。

"有范围的无知"可称为"一维的无知"，主要是指自己所持有的"尺度"在某视角的"坐标轴"上只能覆盖部分范围，并且自己对此毫无意识的状态。"有范围的无知"的模式化表现如图1-13所示。

依据某个"尺度"衡量事象的时候，即使针对的是同一个事象，在坐标轴上所能认识到的范围不同，认知也会大相径庭。

举个身边的例子，比如一个人看见4000日元一瓶的葡萄酒，

图1-13 “范围的无知”的机制

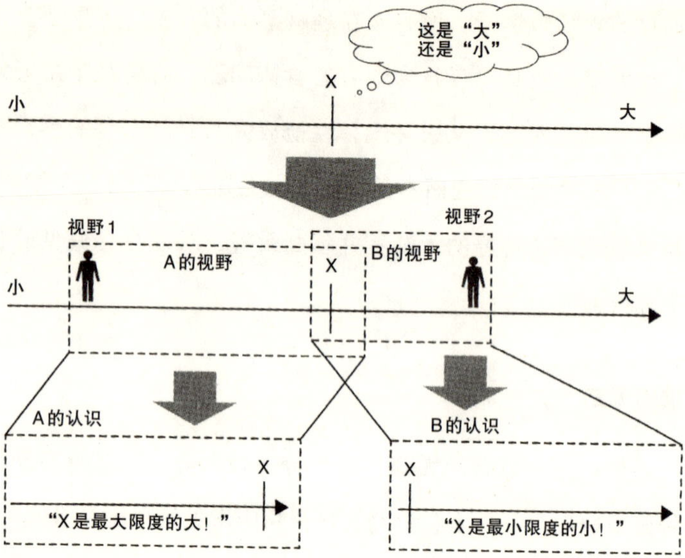
这是“大”
还是“小”
X
小
大
视野1
视野2
A的视野
B的视野
X
小
大
A的认识
B的认识
X
“X是最大限度的大！”
X
“X是最小限度的小！”

会觉得贵还是便宜，通常是由这个人以哪种标准看待葡萄酒的价格来决定的。如果是认为“葡萄酒的价格不应超过3000日元”的人，就会觉得这瓶酒贵；而若是经常接触“一万乃至数万日元”的葡萄酒的人，就会觉得这个价格“很实惠”。格列佛在“小人国”里就是巨人，在“大人国”里就是侏儒，也就是说对于持有“更高一级的视角”的人来说，这是不言自明的事，但对于那些只知道本国世界（想不到还存在其他尺度）的人来说，格列佛就是巨人（或侏儒）。

如果只是这种程度的事态，并且是像价格、尺寸一样能够用固定标准表现的视角，那么很容易就能意识到自己与对方在认识上的不同，但若是无法定量表现的视角或坐标轴，"有范围的无知"往往就会成为交流上的问题所在。

"有范围的无知"多会在"对重要性的认识的不同"上造成问题。

向习惯迟到的人说明"时间的重要性"，只会得到"我知道"这样的回答。例如，对于"每个月迟到一两次"这件事，有的人认为"我知道这样不好，但还在容许的范围内"，有的人则会觉得"这对步入社会的人来说是致命的"。尽管双方均持有"严守时间的重要性"这一视角，其"范围"却大相径庭。而且很多时候，双方的交流是在当事者对于此种情况并无明确意识的状态下进行的。

能够明显表现出"有范围的无知"这一现象的就是普通人常会表现出"已经做到"的态度，而这方面的专家则会表现出"还没做到"的态度。前文提到的对于"顾客导向的重要性"的认知度便是如此。说起"顾客导向很重要"，在这方面意识程度高的人会做出"确实如此，但实践起来很难，我还没能做到"的反应，而意识程度越低的人，越容易做出"那当然了，我已经在这样做了"的反应。

"范围的无知"之所以会产生，是由于不同的人即使持有同一个视角（坐标轴），也很难意识到其最小值和最大值的范围是大相径庭的。尤其是无法像"价格""尺寸"一样用数字表现的事物，连共享这之间的不同都很难。

总而言之，"有范围的无知"源自"认识不到计量仪表指针的摆动"。归根结底，能否意识到"计量仪表的范围有问题"，是"有范围的无知"的关键所在。

越是深明事理的人，越会说"我不明白"；越是不明事理的人，越会说"我明白"。关于苏格拉底所说的"无知之知"的重要性，"解释的无知"的占比要远远大于"事实的无知"。

"有范围的无知"常见于交流、讨论等场合，也可称为"分场合的无知"。日常生活中，我们周围的人以"〇〇好""××坏"等形式，进行着关于善恶的各种讨论。比起绝对的"A或B"，不如说"〇〇的场合是A好，××的场合则是B好"。也就是说，善恶是分场合而有所不同的，可人们在讨论时却往往混为一谈。

例如，明明正在讨论"在大公司里正确而在小公司里不正确的事"，可如果一方以大公司为前提，其他人却以小公司为前提，那双方当然谈不拢。在这种情况下，（当事者没意识到自己）完全没考虑到"公司规模"这一变量的相关"范围"。

人的意见既不会是绝对正确的，也很少是绝对错误的。在这种情况下，讨论的矛头本该指向"场合之分"，可人们往往将自以为是的场合奉为金科玉律，没意识到自己所看见的"只是其中的一种场合"（图1-14）。

PART Ⅰ "知"与"无知、未知" 37

图1-14 "分场合的无知"示意图

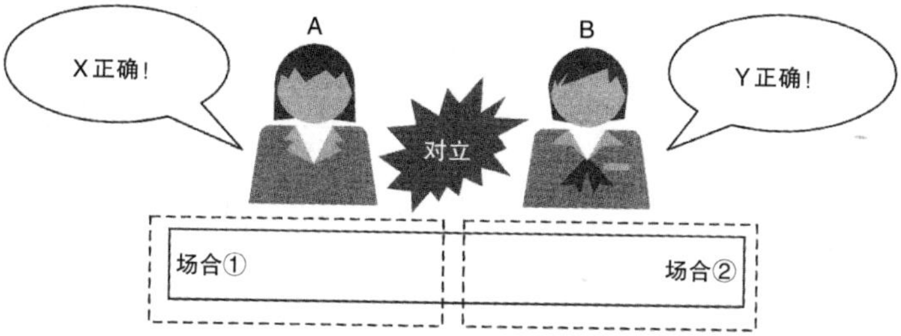

维度的无知

研究"事实的无知"和"解释的无知"时，我们应该关注"维度"这一视角。关于"维度"，在PART Ⅲ中会作详述，这里只将"维度"简单定义为"变量""视角"或思维的"自由度"，也可以表述为"将事物逐一分解后的产物"，其无知主要包括"与视角无关的事实的无知"和"对于新变量或新视角本身毫无意识的无知"。

举个身边的例子，比如读书时，认识到"同体裁"中未知领域的存在（例如，历史爱好者"不了解公元前的非洲……"等），便属于"同维度的无知"，而对于连"体裁本身"或同体裁也会存在"出自完全不同的视角的解释"这一状况也毫无意识，则属于"新维度的无知"。

从事实和解释的关联来说，事实是"零维"，"从任何视角看都一样"。也就是说，与事实有关的无知是仅存在于同一维度的无知，而解释是"多维"的，所以存在对于新维度本身毫无意识的另一种无知，这种无知仅存在于"解释的无知"当中。

前文提到的"范围的无知"，是"一个变量或维度里的范围的无知"。从这一点上，可将其称为"一维的无知"，因为它是在变量固定的状态下的无知。

在这前面的、没意识到某个视角或变量本身的无知，则属于维度的无知，即所谓"N维的无知"。人们在看待事物的时候，往往难以意识到某种事物观的缺失，也就是"变量本身"的缺失，这就是"维度的无知"。

像这样分类后，"事实的无知"是零维，"有范围的无知"是一维，在其之前的"维度的无知"则是N维。如此一来，便形成了一种通过维度给无知分类从而展开思考的视角。

前文中曾提到，"解释的无知"很难察觉，而且它对于发现问题的作用最大。但更进一步说，在"解释的无知"当中，对于"新维度"的无知是最难察觉的，而且它对于发现问题也有着重要的作用。因此比起事实，本书打算将思考的重点放在解释上，即"有范围的无知"这一新维度上。

"批判的无知"可作为"维度的无知"的范例。通常，批判是在批判方所擅长的领域里进行的，也就是在变量固定的状态下进行的，所以在这个意义上的局部战对"被批判方"是极其不利的。

一般来说，被批判方——也就是选手，是在有多个变量的状态下行动或发言的。相对而言，批判方只要设法从变量中选出自己所擅长的，或是能成为对方弱点的变量，然后发动"攻击"即可，所以很容易就能驳倒对手，而且乍一看自然是获胜者。

然而问题在于，辩论中包含许多"看不见的变量"。从选手的角度来说，就是"另有隐情"。如果对此毫无意识，只聚焦于特定的领域进行批判，自以为获胜并为此洋洋得意，那就是典型的"维度的无知"。

●关于无知的对立轴

除此之外，关于无知还存在若干视角。下面从对立轴的视角出发，列举几个例子。也就是说，该视角本身也可作为本书所说的无知的"维度"。

被苏格拉底视为问题的"无知的无知"

提及维度的无知，不能忘记"无知之知"这个概念。被苏格拉底视为问题的并非"无知"（Ignorance），而是"无知的无知"（Meta-Ignorance）。也就是说，"无知"本身并不是问题，不知道自己无知才是最大的问题，也就是说并非对于其他事象无知，而是"对于无知本身没有自觉"的状态。正因如此，"无知之知"才尤为重要。

也就是说，苏格拉底指出了客观审视自身的"元"视角的重要性。苏格拉底所关注的,并非知的广度这种"横向"的问题,而是能否从其上方俯瞰"纵向"的问题。无论如何增加知识,拓宽"横向"知识面,人类的知识量毕竟是有限的,覆盖不到"未知的未知"这一领域(反而是学得越多,未知的领域越大。关于这一点留待后述)。

这种"元视角"是"升维"的象征性范例。这里所说的"元"维度,体现了在主观视角⇔客观视角这个"轴"上,从第三方视角审视自身时的要点。

在这种场合,解决方案并非"努力学习",而仅仅是站在"元视角"上,意识到"(以为)自己知道"的局限,时刻牢记无比庞大的"未知的未知"这一领域的存在。

换言之,"无知之知"就是客观审视自身从而排除盲信的"意识"。人类是在各种各样的认知偏差的前提下,"以自我为中心"看待事物的。也就是说,由于是主观性的理解,所以认知偏差会阻碍我们发现适用于所有人的问题。此外正如前文所述,"解释"这一层是完全因人而异的,这一点也有必要事先有明确的认识。

"元无知"可视为"维度的无知"的特例。它是关于"自己—他人的轴"这一维度的无知,关键在于能否把自己彻底当作一个客观对象看待。可以说,即使在"维度的无知"当中,这也是最难以自己意识到的一种无知。而且,由于"自己"是过于特殊的存在，所以在各种各样的思考的轴中，也可以将其理解为"除○○和○○以外"这一突出、特殊的轴。总之无论如何，"元无知"都该作为一种视角（维度）去理解。

"已知的已知"与"未知的已知"

关于"解释的无知"，我们已经分析过它与"事实的无知"的区别，而这里应该着眼的一点，是在解释的领域内存在"未知的已知"这一领域。也就是连正在做出某种解释都没有意识到的状态，例如前面提到的认知偏差，以及"没有意识到偏见"的状态，等等。

人类只会在某种解释下认识事实，而对于这一情况本身毫无察觉、没意识到自己已被某个解释所桎梏的状态，要比"解释的无知"本身更加难以察觉，也很难处理，是通往发现问题的道路上的巨大障碍。

积极的无知与消极的无知

下一个关于无知的视角，是"积极还是消极"。

在99%的场合，无知会被人们消极地理解，认为是"可耻的"，例如"那人会因无知而陷入困境""那是无知造成的悲剧"等。无知常被用于因缺乏某种知识而发生的否定性事象。

德鲁克当然也曾谈及无知的消极的一面。例如在《管理：任务、责任、实践》一书中，他举出无知作为组织抗拒变化的原因，阐述了"抗拒变化的根本原因在于无知，在于对未知的不安"。

然而，无知有时也能从积极意义上去理解。"眼不见为净"这句话便是一个很好的例子。尽管在某些场合，这句话也会被用来讽刺，并不是褒义词，但大体而言，它还是从积极意义上去诠释"不知道"的。例如，有别人在背后说自己的坏话，当事者往往会觉得"幸好不知道"。这句话不仅适用于日本，英语圈里也有一句话与之对应，那便是"Ignorance is bliss（无知是福）"。可见这是一个普遍的概念。

"眼不见为净"通常被用来形容"事实的无知"，但很多时候，"解释的无知"，尤其是"范围的无知"也可以这样说。"范围的无知"的根本原因在于（没意识到）自己所能理解的层次的上限太低。简而言之，就是指对某个领域的"眼光不高"。

在鉴赏艺术品等场合，从"能够理解高级事物"的角度来说，"眼光高"自然更容易度过充实丰盈的人生，但这未必就能称为真理。

譬如饮食，"口味高的人"和"口味不高的人"哪个更"幸福"？ 从某种意义上讲，比起那些因为了解最高级的美食而无法满足于"普通美食"、无论吃什么都会表达不满、觉得哪儿哪儿的什么东西更好吃的人，反倒是觉得所有食物都好吃的人更称得上幸福，不是吗？ 由此可见，还存在这种"解释的无知的积极一面"。

作为无知发挥积极作用的例子，还可以举出在决断中冒风险的场合。"所知过多"有时会导致决断力的钝化。在存在多个未知变量的场合，冒风险的决断是必需的，而知识丰富往往会成为"无法决断的理由"。在这种情况下，反而是"不知道"能起到积极作用。这也可说是"眼不见为净"的另一种解释。

将积极/消极的视角与前文的事实/解释的视角组合起来考虑，即如图1-15所示。

首先，左上方的"事实的无知"是从积极意义上理解的领域，通常被称为"眼不见为净"。接下来，左下方是事实的无知被消极理解的领域，这是"无知"一词最常用的"可耻的无知"。

至此是通常所说的"事实的（零维的）无知"，而本书的重点是（一维以上的）"解释的无知"。它可大致分为两类，分别

图1-15 积极/消极的无知

	事实的无知	解释的无知
积极	"眼不见为净"	本书的主要对象① 例：解释的重置 （unlearning）
消极	"可耻的"无知	本书的主要对象② 例："无知的无知"

是接下来讲的"将既有的解释重置,进行无差异的平均思考",即右上方的"积极的解释的无知"这一领域,以及"元级"的"高维的无知",比如右下方的"消极的解释的无知"的代表是"无知的无知"。

正如前文所述,"事实的无知"无论积极还是消极的程度都比较低,而"解释的无知"无论积极还是消极的影响都很大。尽管如此,本书的着眼点仍在于"难以察觉"这一本质性课题。

1.4 已知和未知的不可逆循环

我们在思考无知和未知的时候，事先就对已知和知识的基本关系有所认识了，而已知和未知的关系是非对称的。也就是说，"知道"和"不知道"并非对等关系。

例如在时间轴上，无知具有"不可逆性"。也就是说，无知一旦变成知识，就不会再度变回无知。一旦已经知道，就不可能"当作没这回事"。并不是说不会"忘记"，而是已经知道的知本身不会消失。纵观人类历史，知识基本上都是单方面地增加和蓄积的。天体运行的椭圆轨道定律的发现者、十六世纪的德国天文学家开普勒曾留下这样一句话："所谓未知，就好比产下知识这个孩子后死去的母亲。"

● "知"和"未知"扩张的边界

如前文所述，"知道"的最前沿正在随着人类的进步而向外扩张。基本上，一旦知道，就不会再变回不知道了。就这一点而言，从无知到已知的转换是不可逆的。也就是说，已知的领域是只增不减的。

然而有趣的是，已知的增多并未导致未知部分的减少，而是恰恰相反，"知道得越多，未知的领域就变得越大"。

爱因斯坦曾说："越是学习，就越知道自己有多无知；越是意识到自己无知，就越想更深入地学习。"据称，剧作家萧伯纳曾在一次宴会上对爱因斯坦说："科学一直在犯错。因为每解开一个问题的同时，就必定会造成十个其他的问题。"

"无知之知"的机制就藏在这句话里（图1-16）。

无论个人还是企业之类的集团，知识均会不断地提升，"已知的已知"领域则会随着知识的增长而拓宽。与此同时，正如萧伯纳所言，原本的"已知的未知"这一领域也会扩大，而"未知的未知"这一领域更会以指数级扩大。

然而人类对于这件事的认识，大致可分为两类。对"未知的未知"这一领域毫无意识，也就是说没有"无知之知"的自

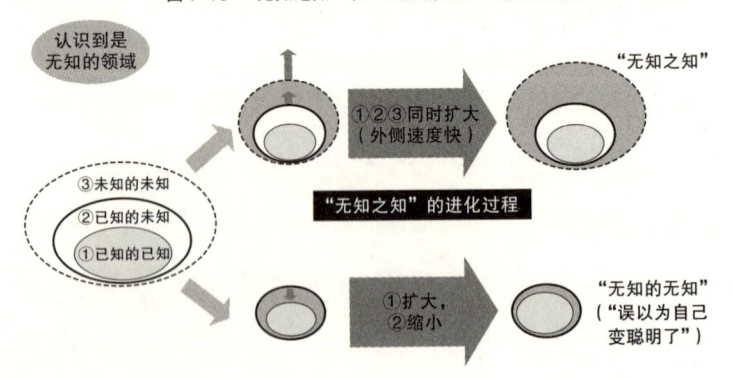

图1-16 "无知之知"和"无知的无知"的进化过程

认识到是无知的领域

③未知的未知
②已知的未知
①已知的已知

①②③同时扩大
（外侧速度快）

"无知之知"

"无知之知"的进化过程

①扩大，
②缩小

"无知的无知"
（"误以为自己变聪明了"）

觉的"无知的无知"的人，会觉得"第二个边界线"——"已知的未知"这一领域是固定的。既然"已知的未知"减少了，那么当然是"自己随着知识的增长而变聪明了"。

与之相对，"无知之知"的实践者所感受到的"无知"是"未知的未知"这一领域，它理应随着知识的增长而变得越来越大，所以会觉得"自己随着知识的增长而变愚蠢了"，从而具备了实践"无知之知"的思维方式。

知的边界线正在扩张，对此可以举个容易理解的例子。比如在地震、台风、海啸等自然灾害中，"失踪者"的数量会逐渐增多。想想有些奇怪，那些后来"下落不明的人"，为什么没进入最初的"失踪"名单呢？这是因为，那些人最初属于"连是否下落不明都不明"这一"连不知道都不知道"的领域。

● "无知、未知"和"知"的循环

由此可见，人类的知的发展过程，可称为"由无知、未知状态产生知的不可逆过程"。这里的关键在于，"无知、未知"的存在是产生"知"的必要前提，而且这一过程基本上是"单行道"。也就是说，人类的历史就是接连不断地将"未知"这一未来的广袤"荒野"开拓成"知"的道路（不过与此同时，在其他领域又会产生"新的未知"）。

知识在产生的一瞬间，就会成为旧物。人类对知的探求，也可称作是对"知"和"无知、未知"之间状若地平线的海市蜃楼的追逐。也就是说，知的边界线只会前进从不后退，一直是不断扩张的。因此反过来说，对知的探求就是对未知的探求。真正的先驱，必须率先开拓那片没人见过的、位于知的边界线对面的领域。

在知的世界里，按照未知→已知这一不可逆过程，"知（识）"不断创造出其他新的"知（识）"，同时借此实现知的世界的整体扩张。也就是说，从无知到已知或从未知到已知的不可逆过程，会产生新的"无知、未知"，如此便形成了一种循环。下面我将通过上位概念，对这种循环作进一步分析（图1-17）。

正如前文所述，"无知、未知"和"知（识）"的关系，是二者共同形成了不可逆的"循环"，并呈螺旋状发展。对于产生

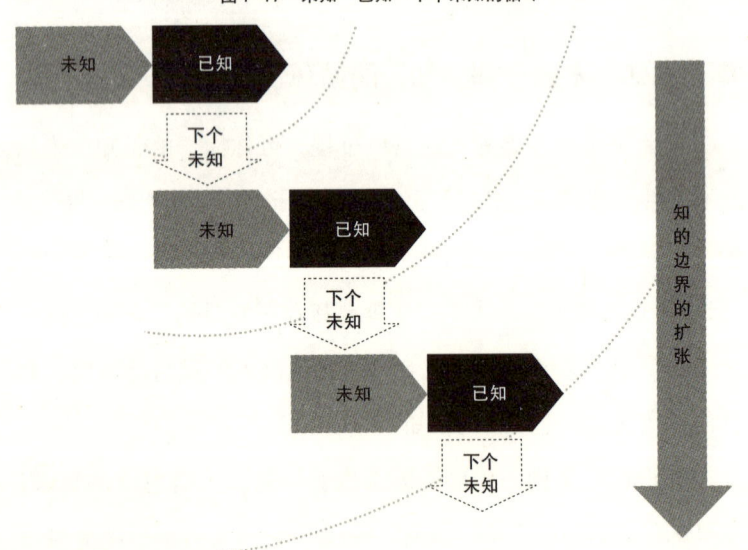

图1-17　未知→已知→下个未知的循环

新的知识而言，俯瞰循环整体的视角是非常重要的。接下来，我们将尝试俯瞰包含"无知、未知"在内的"知（识）"的整体。

● "无知管理"的思维方式

对于关系到新知产生的发现问题而言，"无知、未知"是至关重要的。无论在商界、个人的世界还是组织的世界，都需要有意识地活用"无知、未知"。而要做到这一点，就须具备"无知管理"的思维方式。

"无知管理"是英语圈里的常用词汇，但它并不是像"知识管理"那样已确立的概念，其定义和范围因主张的学者和顾问而有千差万别。二者的共通点只有一个，就是"需要重视并活用的是未知，而非已知"。

从某种意义上讲，无知（Ignorance）是知识（Knowledge）的反面，所以与其将无知管理理解成知识管理的对立概念，不如把它定位为对知识管理的一个侧面的补足，而这恰好与从狭义的解决问题向包括发现问题在内的广义的解决问题扩张的形象相吻合。

可以说，自20世纪90年代起，各企业所采用的知识管理都是"狭义"的，也就是共享、管理、活用企业内的既有知识。在这一点上可以说，知识管理与无知管理是完全对立的。然而，真正的知识管理是用来产生新知识的，在这一点上又可以说，无知管理是对知识管理的入口的补足和强化。

通常，无知多被人们从否定的角度去理解，而本书的立场是从"对无知的关注是一切创造性活动的触发器"这一肯定的角度去理解。关注其积极的一面，就有可能引发革新。为此，可以通过尽可能实现无知的结构化，来探寻活用无知的方法。在这个发现问题越来越重要的时代，"无知管理"可谓是组织运营也要牢记的必需概念。

1.5 苏格拉底和德鲁克所提倡的"无知"的两种视角

前文阐述了"知（识）""无知、未知"的相关定义、分类及其功过。接下来在本节中，将对如何活用本书的主题之一，即"无知、未知"进行讲解。有两个大方向，一个是苏格拉底所提倡的"无知之知"，另一个是德鲁克所提倡的"无知和未知的活用"。

● "元认知"是基于"无知之知"的意识的原点

第一个对于"无知"的着眼点，是"无知之知"。正如前文所述，"无知之知"是从"元"级，即站在俯瞰自身的视角来认识自己的无知。用前面的话来形容，就是成败取决于对"未知的未知"能有多大程度的意识。

元认知是为"意识"准备的视角。没有意识，寸步难进。它是发现问题的"第零步"。没有"无知之知"，一切思路都不会启动。因此，我们需要对前文所讲的无知的种种侧面和种类有足够的自觉。

苏格拉底所提倡的"如果我是最有智慧的人,说明'我对于自己多么无知有所自觉'"这句话,可谓道尽了"无知之知"。若将"无知之知"用"无知、未知的维度"来表现,关键就在于能否通过"自己和他人"这一视角的轴来"实现自身存在的相对化"。可以说,这是"维度的无知"中的特殊(高难度)例子。通过客观地审视自己,从而达到"无知之知"的境界,启动思路,是发现问题的最难的第零步。

●用无知重置既有知识

"无知"的第二个活用法,是持有与知识量庞大的专家视角相对的"外行视角"。在认为知识就是一切的世界里,只要是一度进入脑中的知识,就是"既存"的,所以会做出堆积式的思考。可实际上,发现问题所需要的反而是将这种知识重置。尤其是"解释"这一层次的知识,有时会成为贬义上的"坚信不疑",导致人的判断变得迟钝。能否果断地将这类解释统统重置,在无知的境界里朴素地看待事物,是发现问题的关键所在。

可以说,"知识"和"偏见"是硬币的正反两面。"直观"与"盲信"、"自尊"与"顽固"同样如此。人类的思维委实复杂。把其他动物与人类区别开来的一切智力,都有可能变成弊端(动物的"烦恼"比人类少得多)。

而且，人类只会以自我为中心去思考，简直到了可怕的地步。正如前文所述，本书中的解释不论好坏，都是"主观"的，所以一旦在宛如白纸的状态下发现问题，那样的"自私"往往就会变成智慧负债，妨碍我们的智力活动。

智力活动也不例外。已有为数众多的创造性人士和重视思索的人指出，在绝大多数场合被用于否定意义的"无知"，有时也会对我们有益。同样也有人指出，"知（识）"也会阻碍思考。

作为代表例，因《思考的整理学》等作品而闻名的外山滋比古在其著作《思考力》一书中，关于知识反而会阻碍思考以及无知的重要性，做出了如下论述：

"思考能力低下的最大原因，在于偏重知识的风潮。若无必要，绝大多数他人的论文皆可不看。为了创新，没必要了解科学的历史。一旦知道了，就会受困而不得脱身。"

"英语里有这样一句俗话——'被祝福的无知（Blessed Ignorance）'。因为不知道，反而能产生新想法。知识渊博的人未必聪明机灵。不一味刻意地掌握知识，反而能使头脑变得轻松灵活，发挥出独创性。"

"'无知'一般被认为是坏事，但因为没有多余的知识而产生的'无知'，反而应该欢迎。"

●你能做到unlearning（舍却所学）吗？

英语有个单词叫unlearn，就是在"学"=learn一词的前面添加带有否定这一语感的前缀"un"而成。顾名思义，其含义就是"将曾经所学重置为空白状态"（可以用PC操作中的"undo"类比，这样更易理解）。

这个词对于思考"无知之知"很重要。怎样才能把曾经学过的知识unlearn（舍却所学），是创新所必需的。

以前曾一度流行"脑筋急转弯"。

【问题①】怎样把大象装进冰箱？（这是"预热问题"，可以先看答案）。

【问题②】怎样把长颈鹿装进冰箱？（假设冰箱的大小刚好只能装得下一头大象或长颈鹿）

首先，【问题①】的答案分为以下3步：

步骤1：把冰箱门打开

步骤2：把大象装进冰箱

步骤3：把冰箱门关上

以上内容可当作"预热问题"给出的提示。

在此基础上，真正值得思考的是【问题②】。

乍看起来，似乎只要把【问题①】的答案中的"大象"换成"长颈鹿"即可，但这个问题的关键在于如何更深入地思考。

【问题①】的大象和【问题②】的长颈鹿究竟有何不同？

给些提示：

①冰箱只能装得下一头大象或长颈鹿

②比装大象多一个步骤

好了，答案分为4步：

步骤1：把冰箱门打开

步骤2：从冰箱里取出大象

步骤3：把长颈鹿装进冰箱

步骤4：把冰箱门关上

对此，本书将从"重置"的重要性这一视角来进行说明（尽管这个问题的真正用意并不在此）。

也就是说，关键在于"尽管第一次和第二次做的是同样的事，却有很大的区别"。

为了在已经装有动物的冰箱里再装进其他动物，必须把先装进去的动物挪开。关于知识，可以说同样如此。

尤其是关于后述的上位概念。一般来说，要想掌握新的上位概念，必须把此前学到的上位概念统统抛弃。实际上，这一步是非常辛苦的（相当于取出"冰箱里的大象"）。"知识桎梏"

的现象在发现问题的阶段尤为明显,所以务须铭记。

正如后文所述,为了实现想象和创造,必须"重新画线",而重新画线所需要的正是unlearn,也就是"要把以前画的线重置为空白状态后再思考"。

在前面所讲的"无知、未知"中,与此有关的是"上位概念"的无知,也是后述的"解释的无知"的一个例子。没意识到自己已在不知不觉间被某种固定观念束缚,也可称为一种无知。它比单纯只是"知道""不知道"事实这个层次的无知更难觉察,所以很棘手。

前文提到的外山滋比古的《思考力》一书,在阐述完"无知"的重要性之后,同样还有这样一段论述:

> 此时'忘却'很重要。忘记曾经学到的东西,有意识地营造近于无知的状态。这并非自然的无知,而是由大脑的功能所实现的'智慧型无知'。在这种状态下思考,因为知识并不是不可或缺的,所以自然就能忘记。

这里所说的"忘却",可以理解为上述的"unlearn"。

"把大象拖出冰箱"是很费劲的。大象平时生活在非洲或印度的炎热地区,难得进入舒服的冰箱,肯定感觉无比惬意,所以叫它出来是没用的。而且既然是"大象",简单的推拽也没用。

把长颈鹿装进冰箱之前，光是把大象拖出来这一步，大概就能叫人精疲力尽。

因此，前面那个问题的"真正的解决方案"也许是这样的：

步骤1：准备一个新冰箱

步骤2：把冰箱门打开

步骤3：把长颈鹿装进冰箱

步骤4：把冰箱门关上

这个办法可能需要花钱，但既然能用钱来解决，似乎还是这样做要轻松得多，可见把已经装进去（enter）的大象"unenter"有多麻烦。

●德鲁克所说的"无知"的活用法

为了探究"前言"中所讲的德鲁克关于无知的问题意识，我们来看看他在其著作及采访中的语录。

首先介绍威廉·艾伦·科恩的著作《德鲁克的一堂课》（*A Class with Drucker*）中的引用：

> 一个学生询问成功的秘诀，老师是这样回答的："没什么秘诀，全在于恰当的提问，仅此而已。"
>
> 突然又有一个学生举起手，接连提了三个问题。

"'恰当的提问'该如何寻找?"

"提问难道不是建立在已掌握咨询对象的业界相关知识的基础上吗?"

"您在没有经验的新人时期,是如何掌握了知识和专业性的呢?"

老师是这样回答的:"我向顾客提问以及面对咨询课题的时候,不记得自己依赖过业界相关的知识和经验。不如说恰恰相反,我完全不会依赖知识和经验,而是会以一无所知的空白状态去面对。因为不管要解决哪个业界的什么问题,要想帮到顾客,一无所知是最大的武器。"

教室里的学生纷纷举手,老师未作理会,继续说道:"只要掌握了活用的方法,知识不足绝非坏事。所有管理者都应该掌握这个方法。我们需要做的,不是活用那些基于过去经验的知识,而是找机会迫使自己在头脑空白的状态下面对问题。况且,那些知识有误的情况也不少。"

从德鲁克的发言可以看出,他是在"立问",也就是强调发现问题的重要性,并表明可以为此活用"无知"。

能"解决问题"的人不能"发现问题"

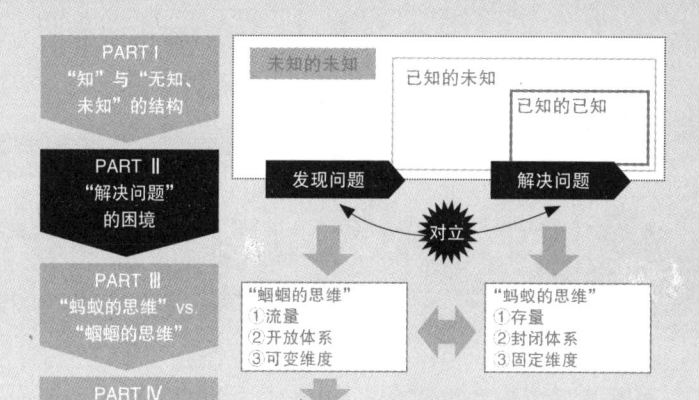

PART I
"知"与"无知、未知"的结构

PART II
"解决问题"的困境

PART III
"蚂蚁的思维" vs. "蝈蝈的思维"

PART IV
发现问题所需的"元思考法"

未知的未知	已知的未知	
		已知的已知

发现问题 ⟷ 对立 ⟷ 解决问题

"蝈蝈的思维"
① 流量
② 开放体系
③ 可变维度

"蚂蚁的思维"
① 存量
② 封闭体系
③ 固定维度

"元思考法"
· 抽象化、类推
· 思考的"轴"
· Why型思维

PART II 的整体概念图

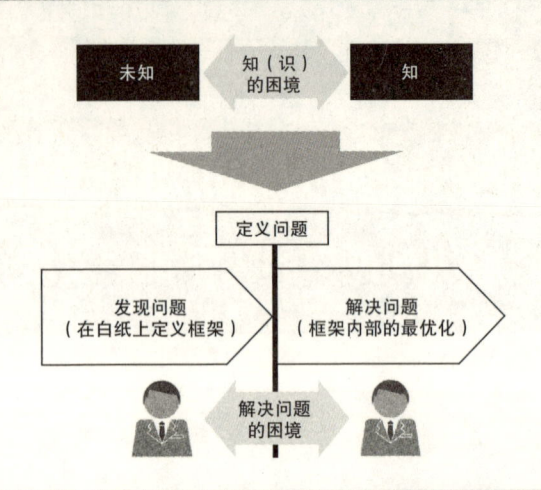

```
   未知    知（识）    知
           的困境
              ↓
           定义问题
   发现问题          解决问题
（在白纸上定义框架） （框架内部的最优化）
           解决问题
            的困境
```

PART II 的要点

- "知（识）"会对活用"无知、未知"以实现"发现新的问题"造成阻碍。

- "问题"源自"事实和解释的乖离"。

- 存在这样一种结构性矛盾——"'知（识）'的困境"：人类通过"画线"拓展"知"的世界，但"所画的线"反而会在发现问题并产生下个新"知"时变成障碍。

- 一旦为了"便于解决问题"而定义"封闭体系"，就会引发造成下个问题的"封闭体系的困境"。

- 存在这样一种结构性的"解决问题的困境"："解决问题"和"发现问题"各自所需的价值观和技能有着180度的不同，也就是（狭义的）解决问题的人不能发现问题。

PART Ⅰ阐述了意识到"未知的未知"这一领域的存在对于发现问题的重要性。至于为什么重要，是因为我们已知的领域非常有限，倘若局限在其中思考，终归只能解决片断的、表层的问题。

尤其在当今这个时代，重要的不是解决既有问题，而是发现并定义问题本身。因此，不带预判和偏见地思考"根本问题是什么"的能力至关重要。

PART Ⅱ将说明一种结构性的困境——由于"解决问题"和"发现问题"各自所需的价值观和技能有所不同，导致擅长（狭义的）"解决问题"的人不能"发现问题"。"知（识）"会妨碍发现问题这一"知（识）的困境"、画线容易造成下个问题这一"封闭体系的困境"以及由于"封闭体系"的"闭锁性"而迟迟不能发现下个问题这一根本性的"解决问题的困境"，这些都是真实存在的。

2.1 "知（识）的困境"

发现问题与解决问题的思维的根本区别在于此前论述的"知"的性质。在PART I中，已将"知识"定义为事实和解释之组合的静态快照。积累知识这一行为本身，会成为发现下个新问题时的障碍。

半导体内存大体分为可读取但不可写入的ROM（Read Only Memory）和能够自由写入的RAM（Random Access Memory）。有一种ROM叫PROM（Programmable ROM），用户只能在最初写入一次数据，然后就只能读取不能写入。人类的基本思维，不是在很大程度上跟这种PROM很像吗？

当然从物理上讲，人类的记忆装置应该近似于RAM，但在实际操作时，每当重写的次数增多，速度就会变慢，内存泄漏和运行紊乱都会加速增多。

虽说"三岁看到老"并非真理，但在工作和私人生活中，难以跳出最初记忆的思维方式是很常见的。

在这种场合，关于事实的"重写"比较简单，但关于"解释"

的"重写"则很难。因为很多时候，我们连特定的解释被深埋在脑中这一"未知的已知"都毫无察觉。

例如，在进化迅速的IT等技术更新换代的时候，这样的事象就会被如实地呈现出来。

键盘世界里的传呼机→按键手机→智能手机触屏手写板的变化、"金钱"世界里的现金→信用卡→电子货币的潮流，还有购物也从实体店发展到网购等变化，都是常见的例子。从通过"一种做法"记住的价值观和程序中脱离出来是很难的。在更新换代的时候，过去的经验反而会起消极作用，比起从零开始的新一代人，不得不从"负债状态"开始。

当然，记忆新的技术用语、"升级"技术信息还是可以做到的，但诸如"文字的输入方法"和以特定技术为前提的"生活习惯"，则很难跳出最初的记忆。曾经记住的价值观是无法轻易舍弃的，这是"知（识）的困境"的根本原因。

● "问题"源自事实和解释的乖离

随着时代发展，各种各样的事象正在发生。根据本书的定义，这一个个"事实"本身都具备超越了时间（When）、地点（Where）、个人（Who）的普遍性。

与之相反，解释则应该是经常随时代在变的。为了使其成为"可再利用"的知识，必须截取某个"快照"并做静态固化处理。

因此，解释并不具备超越时间的普遍性，所以在环境急剧变化的时代，很多东西都会因过于陈旧而失去作用。正如PART I中所指出的，所谓知识，便是这些东西固定下来的，所以会引发问题。

自然科学中的事实（天体运行、物理现象等）是发生在自然界的现象，所以基本事象并不会发生很大的变化，但人类和动物的行为在社会等因素的影响下，会随着环境的变化而发生巨变。尤其是在技术飞速发展的当代，人类的行为特性也会发生变化。

在这样的状况下，通过时间轴来看，事实和解释就会发生乖离。然而人类的认知并没有那么灵活，基本上是保守的，所以固定下来的解释会长期盘踞不去。就这样，解释不得不在某个期间固定下来，但实际正在发生的事情却是时时刻刻变化着的，所以事实和解释之间会发生乖离，因而引发问题（图2-1）。

例如，单词和语法的关系便是其中的典型代表。所谓语法，是指将用于交流的单词（一个个事实）通过某种模式进行解释并固化。如此一来，学习语言的方法就会形成体系，效率肯定

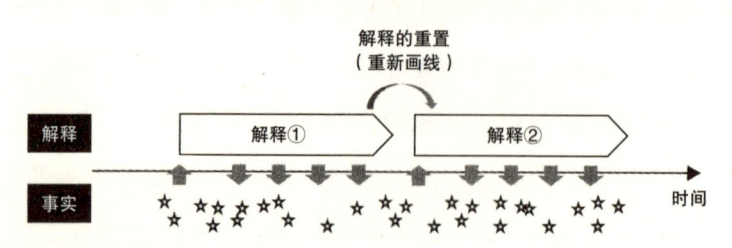

图2-1 事实和解释的乖离

能得到飞跃性的提升。然而对应每天的单词变化，单词和语法之间就会发生乖离。

再比如，法律、规章等也适用于这一模式，商业中的"业界"和"习俗"同样如此。中途发生"事实和解释的逆转现象"，由此产生二者的乖离，即所谓的"本末倒置"状态。这种状态会引起各种各样的问题：例如不符合实际情况的过去的法律、规章得不到修订，现实因为遵循"旧解释"而被扭曲……简直不胜枚举（不过，"规章至高无上"的思路并不会产生这样的"扭曲"）。

也就是说，实践发现问题的关键在于认识到这种机制并找出偏差。

人类的语言能力也是建立在"分、连、画线"之上的，所以封闭思路的人和开放思路的人在理解方式上并不相同。例如，日本人把口语发音限定为"五十"，只要听到某种语言，就会"分割"成五十音来认知。就好像大脑里有五十个箱子，把听到的读音与其中最近似的箱子相对应。

如果只生活在说日语的世界里倒是没什么问题，可一旦想理解外语，这样做反而会变成障碍。原本只是为了促进理解、发展智力活动的日语读音的"五十个箱子"，却也想套用在外语身上，结果只能"用片假名表现"。

日本人分不清L和R的原因就在这里。由于日语中的"箱子"数量有限，无法准确对应，导致"rice"和"lice"的读音听起来完全一样。

这也是受困于"解释"而无法准确把握"事实"的一个例子。好坏暂且不论，尚未形成"解释"这一过滤器的小孩子能够准确地学习并掌握外语，就是一个有力的证据。

同样地，关于Digital一词的日语写法，在"封闭思路"的人看来，"哪种写法正确"是讨论"正确的外来语"上的大问题，而在"开放思路"的人看来，这是一个"无所谓"的问题。因为Digital就是Digital，用其他语言如何解释，归根结底只是手段，而"事实只有一个"（通过语言而发音的单词）。

●创新者是指"重新画线"的人

只要记住这个结构，"创新"与思路的关系就会自然呈现。所谓创新，便是找出发生在事实和解释之间的"畸变"，展示与之相对的"新画线"并使其具象化。这里"畸变"的原因主要是重大的环境变化，例如技术革新、社会潮流的变化等。世间的规则，其形式多为"〇〇以上适用，〇〇以下不适用"，而随着时间流逝，在某个位置"画过线"的事物就会发生畸变。

诸如补助金的发放标准、选区的地域划分等由过去的状况或规则决定的东西，很多都不再符合现今的实际情况。例如，"组织"也是要"画线"的，一旦根据不同地区、不同业界确定了负责人，大部分人都会按照"因为我是〇〇的负责人"来画线，确定工作范围。随着环境变化，这部分就会发生畸变（而且大部分人和组织意识不到这种畸变，仍会强行遵照旧有规则行事）。

假如说，像这样永远固执地遵守"无形之线"的人是这个世界上的多数派，那么能够找出其中"畸变"的人就是创新者。曾经画过的线是非常顽固的，即便是已经老化而丧失应有机能的事物，一旦成了习惯，就会被人当作是正确的，而那些连续变化后的"先行"事象，反而会被认为是错误的。大多数人都会做出这种"本末倒置"的解释。

如果养老金领取人的标准，或是公司、社会上的津贴发放标准等是根据标准制定时的民众状况而确定的，那么即使实际情况随着环境变化而变化，这些标准也不会改变。而且，这种边界线的周围必然会发生"畸变"。

商业中的"业界""产品类别""顾客类别"等也一样，一旦确定了作为某个时间点的快照的类别，相关人员就会以固化的眼光去看待连续变化的事象，从而产生"开发〇〇类别的产品吧"的想法。创新者则会把顾客需求作为"事实"去理解，试图创造出不被现有画线所束缚的产品或服务，使用当前最新的技术和概念重新画线。

不过在这一瞬间，就会产生"创新的困境"。起初完成新画线的创新者，在下一步扩大这一新结构的时候，需要将已定义（重新画过线）的体系进行固化管理，所以思路本身会变成封闭性的。

对于画线后的、条件和规则已经固定的世界里的解决问题而言，电脑则显得尤为重要。20世纪90年代，电脑已在国际象棋比赛中击败人类的世界冠军。在复杂性、自由度更高的将棋比赛中，电脑也几乎达到了人类的最高水平，完成国际象棋比赛般的壮举也只不过是时间问题罢了。

这些桌上游戏属于典型的"封闭体系"。由此可见，关于边界已被明确定义的体系中的最优化，人类的优势已经无从体现。

与之相反，电脑所不擅长的是解决"边界未被明确定义"的"开放体系"中的问题。即使对象问题更为"灵活"，基本上也只是边界有所扩大，仍未脱离"封闭体系"的范畴。

●模式识别有助于理解，模式化导致死脑筋

能够体现"画线"之功过的另一个例子是"模式识别"。它是抽象化的一种形态。按照模式识别，相较于逐一理解个体事物，人类能够同时理解多个类似的事物。只需发挥一种经验的效用，就能实现智慧的飞跃性发展。

但同时，模式化也是一柄双刃剑，可能导致思维的固化。

说到"双刃剑"的一面，思维中的"框架"同样如此。在一定程度的短期内，能让初学者轻松掌握某个领域的整体思维方式和总汇项目的，便是框架。从这个意义上讲，框架也是模式识别的一种。

框架能够帮助我们找出容易存在偏差的视角死角，发现容

易忽视的领域。

同样的还有"模板"。从"只要付诸应用，就能轻松做出具备一定程度的品质的东西"这一点而言，模板和框架一样，都很有用。只不过，模板也是在短期内达到一定水平的情况下很有效，而在需要发挥"前瞻"的创造性时，就有可能变成累赘。

从中也能看出"在某个程度之前能起到积极作用，而一旦超过某个关键点，就会起消极作用"的结构。

模式识别、框架、模板等，在"通过模式化，起初能起到积极作用，但'思维会固化'"这一点上是共通的，其根本原因便在于前面提到的"事实和解释的乖离"。

● "画线"导致"出乎预料"

如前文所述，在风险管理的世界里，能把风险"预料"到何种程度是问题的关键。无论是产品的设计，还是社会、组织的设计，都不得不以有限的资源为前提，所以必须在某处"画线"，明确体系的边界条件，不然就无法解决问题。

然而一旦画线，就必然会发生"出乎预料"的事态，产生根本性矛盾。风险管理本就要面对"必须对'出乎预料'有所预料"这一结构性的困境。"因画线而产生下个问题"的事例，在风险管理中并不少见。

此外，"画线"也会成为不幸的根源。国境纷争、民族问题、选举中的一票之差，等等。我们周围的很多问题，皆源自某种

"边界",为什么呢? 这其中隐藏着"画线"的本质。

归根结底,"线"只是人类为了脑中的认识和理解而擅自画出的。"国境"也好,"选区"也好,"业界"也好,都是人类脑中的概念上的隔墙。有个笑话讲的是,一名乘客一边望着飞机窗外,一边问机舱乘务员:"哪儿能看见国际日期变更线?"

大概没人会真的相信国际日期变更线是实际存在的,但事实上,类似这个故事的"笑话"在现实生活中随处可见。很多时候,人们在脑中假想的画线会在不知不觉间独立出来,使人误以为它是具有绝对权威的。

"知(识)的困境"的另一个要因在于知识中存在类似向心力的东西。越是有专家之称的人,越难以从积累的知识中跳出来。

开篇的便利店的例子便是如此,关于便利店货架的知识越详细,就越难做到"远离"。

同样地,自己专业领域内的知识积累得越多,就越难以摆脱其中的"引力"。越是"这一行的专家",越难提出跳出藩篱的崭新意见,反倒是"外行的视角"由于没有向心力,摆脱了预判和偏见,所以容易得到零基础的创意。

●定义问题造成"封闭体系"

"封闭体系"源自定义问题。反过来讲,每定义一个问题,就会造成一个"封闭体系"。因为要想解决一个问题,就必须设定某种边界，明确区分"是问题"还是"不是问题"。

发现问题→定义问题→解决问题是广义的解决问题的流程，其中的"开放体系"与"封闭体系"的关系如图2-2所示。

图2-2 发现问题→解决问题的流程与"开放体系""封闭体系"的关系

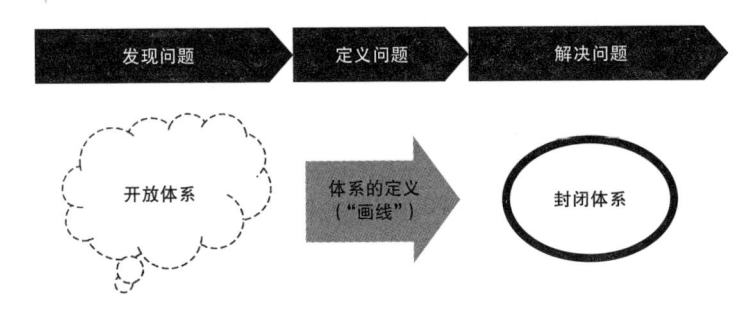

发现问题 → 定义问题 → 解决问题

开放体系 → 体系的定义（"画线"）→ 封闭体系

定义"封闭体系"的同时，也意味着问题的相关变量已被固定。"固定变量"是为了解决相关问题而将应考虑的视角固定下来，以实现其中的最优化。

例如，光说"环境问题"，并没有准确地定义问题。我们是应该最大限度地减少二氧化碳的排放量，还是最大限度地提升可循环部件的比例？像这样特定"应该最优化的变量"，才算是明确定义了该解决的问题。

2.2 "封闭体系"的困境

如前文所述，解决问题须减少维度并使之固定，然后"画线"。也就是说，为了使问题确定下来并变得容易解决，必须在定义"封闭体系"的基础上设定边界条件。然而，"封闭体系"内含有一种根本性的困境："使问题变得容易解决"和"容易引发下个问题"。这是因为，画线会引起"固定解释导致解释与事实发生乖离"这一现象。

使问题变得容易解决，在短期内容易发展，就容易导致下个问题的产生，而发展后形成的体系也容易退化——这就是"封闭体系"的困境。

在热力学的世界里，有一条关于不可逆性的第二定律，通称熵增定律。该定律表明，在"封闭体系"，尤其是与外部无交换的"孤立体系"中，熵这一物理量只会增大，不会减小。简单来说，熵的增大就是指体系内的"杂乱性"增加，趋向平均化。

前文所述的组织作为"封闭体系"，同样适用"不可逆性"的定律。成长和退化以不可逆的形式同时进行，这一点也与本条定律一致。

● "封闭体系"和"开放体系"的循环

像这样，人类通过"画线"使工具和文明得以进化，同时因为画线，向下个世界的转变又会变得很困难。人类就是在与这种根本性矛盾的斗争中生存至今的。如此巨大的洪流，适用于国家、企业等组织及其他几乎所有体系，是不可违抗的。

由于"画线"，一度已成为资产的那些"知"，随着时代变迁变成了"负资产"。相对于身为该时间点上的权力阶层的主流派，作为革新者的"挑战派"可以说始终在反复消除其中的畸变。该流程可表现为一个循环，如图2-3所示。

图2-3 "封闭体系"和"开放体系"的循环

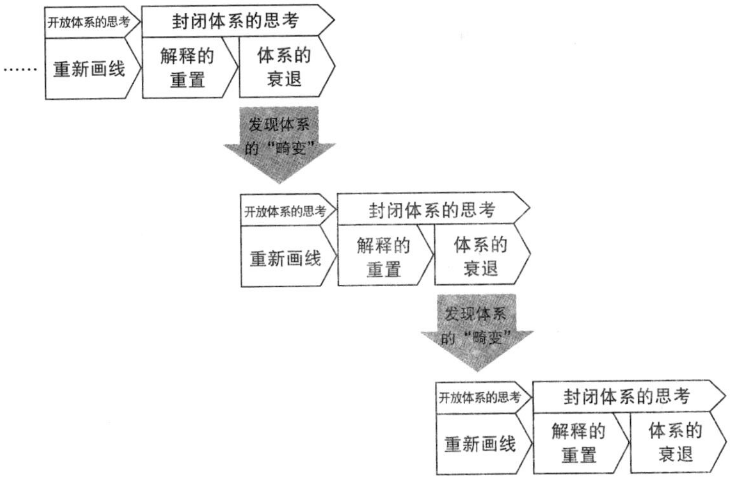

首先出现的，是为混沌状态"画线"的人。主要是准确理解那些悄然出现的社会或自然倾向并将其总结成规律和理论的学者，以及开发那些能够满足该时代模糊需求的企业或服务（等"体系"）并提供给消费者的企业家，又或是将自然聚集的民族形成"国家"并施政的执政者。

如此被定义的种种"体系"，会作为"封闭体系"完成进化，而且在满足该时代民众需求的同时，作为体系的完成度会逐渐提升，但此时必然会发生"封闭体系的困境"。只要创造了固化的"封闭体系"，这种情况就是绝对不可避免的。因为社会和自然事象是连续变化着的，而管理这些事象的体系或机构则是固定的，只能做到不连续的变化。这里所说的"封闭体系"，可以知识、产品、服务、行政单位等为例。

也就是说，其间必然产生偏差，出现体系本身逐渐衰退的机制。人类就是这样使文化和文明随着发展而衰退、然后再次出现下一个新时代的创造者，继而促进下一个文化和文明的发展。《平家物语》中所说的"盛极必衰之理"，其根本原因便在于这种机制。

因此，只要人类持续活动并在脑中为之"画线"，"问题"仍会在包罗万象的一切场所继续发生。

人类凭借高度发达的智慧解决了各种各样的问题，然而讽刺的是，其高度发达的智力还不断催生了新的问题。这是一种"知的敲诈勒索"。

● "公司"这一"封闭体系"也会成长、退化

"封闭体系"和"开放体系",往往会经历与商界中的企业、业界或特定的产品、技术相似的过程。

这是因为,黎明时期的先驱大多会"在白纸上画线",定义"封闭体系",通过创造一个闭锁性的世界来享受先行者利益,并砌起一堵"墙"以牵制、阻碍后来者进入。从技术上讲,"专利"便相当于这堵墙,技术也多未实现标准化,而是以各自不同的规格呈现出差别。

接着,先行者会使该"封闭体系"在闭锁状态下完成。正因为是"封闭体系",外界干扰很少,所以这一阶段的完成用时较短。

然而在多数场合,"封闭体系"此时会遇到障碍,原因在于"封闭体系"的困境的出现,即"质"的进化很快,但"量"的进化,即扩大的速度太慢,因而造成严重的负面影响。

"创建公司"是定义了"公司"这一"封闭体系"的组织,相当于定义了该公司想要解决的(社会或生意上的)"问题"。

从这个角度出发,适用于"封闭体系"的定律仍然适用于"公司"这一组织。"存在中心和序列"是定义并维持"封闭体系"的原则,它也同样适用于公司组织。

公司里明确存在"具有超凡魅力的经营者""独揽大权的创业者"这一中心,以及"组织阶层"这一序列,而且它们越

是牢固，公司就越能快速成长。然而，这样的结构有着排他性、内向性等消极面，也容易跟不上环境的变化。

从这一点上讲，以员工迅速"毕业"为前提的招聘公司，作为一个组织，其"体系"的存在颇值得关注。如果不把该公司看成一家公司，而是当作一个包括"毕业生"在内的生态系统来看，那么从该体系本身呈外向性成长这一视角出发，可以说它是日本企业中罕见的近于"开放体系"的机构。

●同样适用于人类的"封闭体系"的困境

"封闭体系"和"开放体系"的讨论也适用于人类活动。这里假设对外界持有强烈排他性思维方式的人属于"封闭体系"，能够灵活接受他人思维方式的人属于"开放体系"。

"封闭体系"的人，便是所谓"哲学已确立的人"。从本书的"事实和解释"这一分类而言，这类人已经为自己确立了牢固的"解释模板"，所以面对事物时的判断迅速且坚定。反过来讲，面对持有不同哲学或价值观的人或思想，他们有着强烈的排他性。

只要想想我们周围存在的这种"封闭体系"的人就会明白，能在短期内完成某件事的人，通常都是持有这种"坚定价值观"的人。也就是说，"拥有已固定的体系的人完成速度更快"这一规律在这里也适用。

同样，这也是"封闭体系"的缺陷。从经验上就能理解，"不能应对完成后的环境变化"也适用于这类人。

　　与之相反，持有"开放体系"的思维方式的人，很难构筑并确立自己的世界，但他们也有长处，那就是能够灵活地应对任何人，也容易避免"衰退"。

2.3 "解决问题"的困境

如前文所述,"封闭体系"存在结构性的困境:易发展,但也容易衰退,并且不容易向下一代转变。"人类的知(识)"这一"封闭体系"也不例外。

而且,它也适用于"问题"。

可以说,这一困境的本质在于,用于解决问题的技能和价值观与用于以"开放体系"为前提的发现问题的技能和价值观在根本上是完全对立的。

下面我们来实际看一看,这一困境在商业场合是如何成为问题的。

"想开发出不被既有框架束缚的崭新的商品和服务。"

"我们所需要的人才,不是顾客说什么才做什么的人,而是能够主动发现顾客的问题并提出方案的人。"

在商界,不管哪个时代,这些话都会被反复提及,而且其重要性近年来尤为高涨。换言之,随着环境变化和技术革新,商业中解决问题的重要性正从下游转向上游。广义的解决问题,可大致分为上游的"发现问题"和下游狭义的"解决问题"。从这里开始，本书所说的"解决问题"均指狭义的"解决问题"。

关于"从下游到上游"的需求变化，以及随之而来的"从解决问题到发现问题"这一当前正需要的视角变化，我们下面就来论述它们为什么是必要的、是以怎样的机制产生的以及该如何应对。

图2-4模式化地表现了"发现问题"与狭义的"解决问题"之间的关系。

这里所说的位于上游的"发现问题"，是指"在白纸上定义（问题这一）框架"，而位于其下游的狭义的"解决问题"，则是指"进行'已确定的框架'内部的最优化"。二者的分界线便是问题这一"框架"的定义。

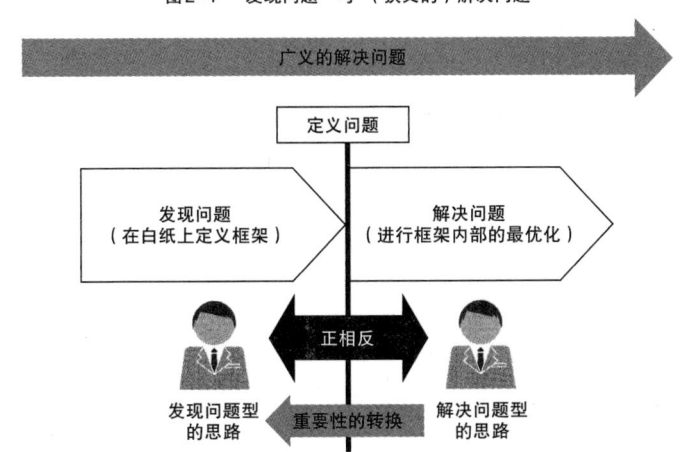

图2-4 "发现问题"与"（狭义的）解决问题"

广义的解决问题

定义问题

发现问题
（在白纸上定义框架）

解决问题
（进行框架内部的最优化）

正相反

发现问题型
的思路

重要性的转换

解决问题型
的思路

以手机开发为例,"手机开发"这一问题(What)被提出之后,开发性能和功能最强的手机(How)就是"解决既有问题"。

新发现了"希望能让工作和生活随时随地变得丰富多彩"这一顾客需求(Why),定义"智能手机(或平板电脑)这一新类别的产品的开发"这一新问题(What)并实现,是发现问题→解决问题这一广义的解决问题的流程。

换言之,在What被提出的时候将其落实到How,是解决问题;而从Why导出What本身,则是发现问题。

再看另一个例子,系统开发和导入。可以说,顾客提出"想制作这种规格的系统"这一希望(What)后,将其落实到详细规格并实现(How),属于解决问题型的业务;而通过经营课题或系统本身找出顾客希望解决的真正需求(Why),并由此提出方案,像这样的,"归根结底需要这样的系统"(What),则属于发现问题型的业务。

●从下游的解决问题到上游的发现问题

我们再来重新思考"上游"和"下游"这两个词。上游和下游,指的是同一条河流在时间、空间上位于前面的领域和在同时间、同空间上位于后面的领域。关键在于,本书会从"空间"和"时间"这两方面来研究"上游"和"下游"(图2-5)。

首先关于"空间",全球范围的产品开发流程很容易理解。其空间上的流程即是:主要在发达国家发起创新,开发出拥有

图2-5 上游和下游的例子

	上游 →	下游
产品开发	发达国家	新兴国家
企业的一生	新锐企业	大企业
商业类别	创新	运营
业务进程	构思、企划	执行
营业进程	发现顾客课题	"推销"
人的一生	孩子	大人（老人）

新概念的产品，然后新兴国家加以模仿，设法降低成本（容易让人混淆的是，在一个国家从新兴国家发展成发达国家的"时间上的"过程中，上游和下游会发生逆转，详情会在后文再作交代）。

比如，20世纪80年代以前，日本主要擅长"下游"型的产品开发，体现为追赶欧美。如今，这个任务正由新兴国家承担。日本现在应该完成的任务是转向发达国家的类型，即领导创新。以往"应该解决的问题"，是在已定义的线的内部进行最优化，而今应该考虑的则是"在哪里画线"。

接下来，在"时间轴"上的上游和下游，是作为一个工作或企业从开始阶段到最终阶段这一生命周期的进程。以公司为单位来看，通过创业而诞生的新锐公司是所谓的"最上游"，它会随着自身成长和企业并购带来的"人力、物力、财力"而变大，最终成为传统型的大企业，即"下游"。

就商业的"实质"而言，其流程也是从开发新产品、新结构的创新这一上游阶段，转向高效的运营这一下游阶段。

同样地，作为时间轴上的上游和下游，一无所有阶段的创意和企划通常是上游，将其落实到具体计划上的执行则是下游。例如销售，把握难以捉摸的顾客需求并使之成形，便是上游；以商谈的形式为顾客明确而具体的要求提供具体的商品或服务，则是下游。

再以人的一生作比，上游就好比孩子，下游就好比大人（老人）。无论组织还是社会，从上游到下游的流程，可以理解为是和人类一样的。

●上游和下游是不连续的

那么，企业中为何会经常发生"转向上游"的需求呢？ 那是因为，上游和下游的特性有很大不同，并非简单的连续变化，有时需要把价值观扭转180度来考虑。如此一来，人才的技能和价值观也必须变得完全不同才行。然而这方面既耗时间，又存在种种阻碍要因，同时归根结底，这一根本性区别尚未被人们明确认识到，所以变革才会难以推进。

下面就来实际看看上游和下游有着怎样的对立特性（图2-6）。

首先列举的上游的特征，是需要处理不确定性高的、混沌的事物。组织及职责分担的边界也不明确，要求一个人灵活地

图2-6 上游和下游的各自特性的对比

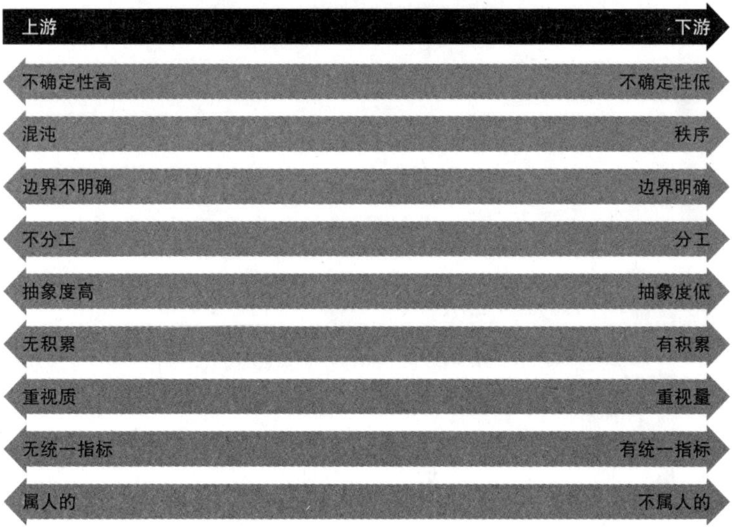

上游	下游
不确定性高	不确定性低
混沌	秩序
边界不明确	边界明确
不分工	分工
抽象度高	抽象度低
无积累	有积累
重视质	重视量
无统一指标	有统一指标
属人的	不属人的

完成多个任务。与此相对,下游的不确定性低,任务已被明确定义,可以细分到每个部门或负责人。

上游的工作内容大多抽象度高,比如确定整体概念,或是确定大体上的基本构架。相对地,下游的工作会落实到每一步实施,同时伴随着具体的执行,所以具体性高。

此外,技术诀窍和人力、物力、财力等资源的积累,在上游自然是从一无所有的状态开始的,而到了下游,就会在各方面有所积累。

至于工作本身的量,到了下游就会增多。资源的积累度也是到了下游就会加速增长。与之相对,上游更重视"质"而非"量"。

下游须具备用以管理、评价多人的"共同指标",而最好的共同指标,就是"金钱和时间"。与之相对,"重视质"的上游潜在具有多个必要指标,无须具备共同指标。本来,"考虑指标本身"就是上游的工作,使已确定的指标达成最优化才是下游的工作。

此外,由于上游的工作是非定型的、创造性的,所以不论好坏,都在很大程度上依赖于个人的能力。"属人的"自然是好事——这是上游的思维方式,而尽可能做到标准化、不依赖于人,则是下游的思维方式。

这些价值观并不一定是以"非0即1"的方式从白变成黑的,随着从上游到下游的移动,平衡会逐渐变化,而在某个要点前后,会发生明显变化。那个要点便是"定义问题"的阶段。

随着这样的流程和价值观的变化,上游和下游所需要的价值观和技能也会变得"正相反"(图2-7)。

"从零开始创造新事物"的创新意向这一上游,需要的是创造性。相对地,指标已经固定、在指标中"使80分的东西变成90分或100分"的运营意向这一下游所需要的,则是以最佳方式解决既有问题、使相应指标达成最优化的效率性。

此外,在不确定性较高的上游,重要的并不是详细分析过去的数据、通过只做有胜算的工作来"使一切走向胜利"的"决定论"的思维方式,而是在进行一定程度的尝试后,插入一定比例失败的所谓"概率论"的思维方式。

图2-7 上游和下游的各自特性的对比

上游	下游
创造性	效率性
概率论	决定论
个人	组织
抽象思考	具体行动
想象和创造	知识、经验、信息积累
灵活柔软	遵守法令
主动的	被动的
建设性批判	顺从

从"个人还是组织？"这一视角出发，在依赖个人能力的上游，怎样才能发挥个人的能力是重中之重。相对地，在要求多人高效运作的下游工作中，即使压制个性，也要优先确保组织性能的最大化。也就是说，在上游是"个人＞组织"的关系，在下游则是"组织＞个人"的关系。

在抽象度高的上游，需要的是抽象化的思考能力；在现实行动最重要的下游阶段，首要的则是具体的行动力。

在技术诀窍得以积累的下游，知识量很重要；在要求从零开始的创造性的上游（由于原本就没有积累的知识），需要的则是将有限的信息与过去的类似知识组合、联系起来从而创造新事物的想象力和创造力。

此外，上游并未确定工作分担，始终要求灵活柔软的姿态；

而在下游,从组织秩序的角度来说,也不希望个人轻易脱离被分配的任务,所以对遵守规则的依从姿态有着强烈的要求。

上游时刻要求主动性,因为没有人提供指示,毕竟"发现问题"本身就多是主动的行为。相对地,在下游,为了确保组织的秩序,对于"服从上级的命令"或"切实履行手册化"等被动姿态则有着压倒性的要求。

●社会、企业、学校被"下游"最优化的原因

如前文所述,在当前环境下,出于种种原因,存在向"上游"转移的需要,因此要求相应的价值观和技能。然而,社会、企业、学校大多已被下游的思维方式最优化了,因此存在这样的结构性矛盾——尽管真正需要的是适合上游的人才,却无法培养并充分发挥其能力。

为何世人会依据"以下游为中心的价值观"行动呢? 此外,各种领域均在掀起从上游依时间序列"被冲向下游"的潮流。这种情况又是以怎样的机制发生的呢? 下面,我们尝试通过"上游""下游"这两个词的存在基础,即河的类比来进行思考(图2-8)。

原因1:下游总是多数派

首先,第一个原因在于,河的水流(水量)会随着流向下游而增多。也就是说,"下游总是多数派"。例如,不管是商品

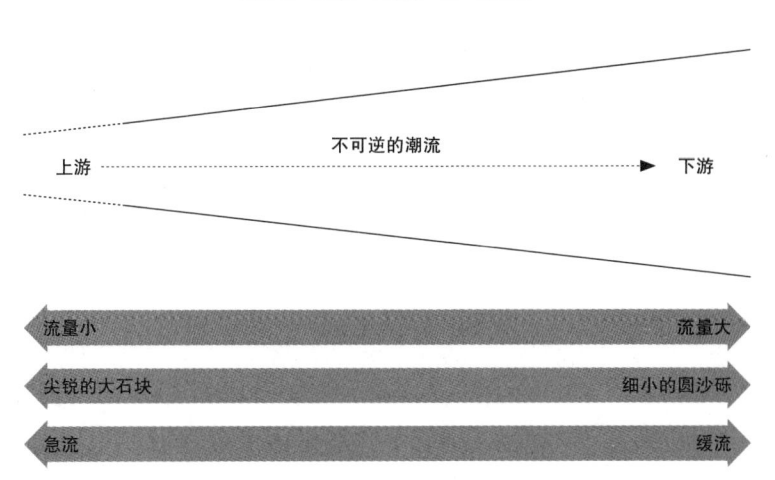

图2-8 上游、下游的"河"的类比

```
上游 ──── 不可逆的潮流 ────▶ 下游

流量小                          流量大
尖锐的大石块                    细小的圆沙砾
急流                            缓流
```

的企划，还是城市、社会的设计，真正的初期计划往往是在少数人（通常是"一人"）的脑中开始的，直到该计划被具体化，来到详细的设计或构筑阶段，才会有多数人参与进来。

而且越是往下游去，越会从有限的少数人所做的决策变成"多数人所做的决策"，形成基于"众多顾客呼声"和"积累的数据"的决策方式。也就是说，"多数派"的意见更容易通过。而且在上游，河底多是"尖锐的大石块"，而到了下游，随着水流的"冲刷"，细小的圆石子就会变多。也就是说，下游世界是由平均化的多数人所支配的。

在这种状况下，依靠特定个人的力量推动工作的上游式思维退处劣势，可谓是必然的结果。

原因2：驱动世界的下游

第二个原因在于，除了"量"的问题之外，即使从"执行和运营"这一"质"的角度来看，在每天驱动世界、公司、组织"运转"的人里，下游的人也占据了压倒性的大多数。人力、物力、财力等用于执行的资源，基本上存在于"下游"。这些丰富的资源并不会轻易流向"无形的"创意和创造性，其运转总是以下游为中心的，所以这个世界显然也会以下游为中心运转。

此外，乍一看很光鲜的上游的创意，大多只是不涉及人力、物力、财力的纸上空谈罢了。当然，如果这种纸上的"大创意"不启动，执行就无从谈起，但在绝大多数场合，具体成形还是在进入下游阶段后才实现的。

原因3：下游的具体性便于所有人理解

第三个原因在于，下游"更容易理解"。下游有多数人参与，而且具体地"形成可见的形式"，而上游的理解难度则相对更高。下游的工作经过标准化，属人性质被排除。说得极端些，就是内容"便于所有人理解"。越往下游去，"任何人都能理解"的东西越会被优先考虑。下游的决策基本上是"多数决定"，所以能够确保多人理解的内容存活下来，可谓是必然的结果。

如此一来，占少数的上游的"难以被多人理解"的价值观便自然没了生存的余地。这也是"下游化"在组织、社会中加速发展的原因，恰如"水往低处流"。

原因4：从上游流向下游的水流是"不可逆"的

"水往低处流"这句话适用于一切事物。从上游流向下游的水流是单向的，绝不会往回流，也就是不可逆的。可以说，前面所讲的上游和下游的特性的变化也一样。

水流一旦流向效率性，就不会重新回到创造性。一旦由多数派执行的标准发展起来，就不会再回归原来的状态。"下游"这个状态会悄然无声地发展下去。

因此在相同的体系中，走向下游这个状态总是会永不后退地单向发展下去。

如此一来，从本质的性质而言，自然总是会在无意识中形成"下游占优"的社会和组织。而且在一个社会或公司等社会体系中，"下游"会不可逆地进行下去。

然而讽刺的是，"不可逆地变为下游"越是进行下去，就越会出现重新创造新河流的"上游需求"。而且，由于上游的需求与下游的特性有着180度的不同，所以会潜藏着靠自然水流无法消除的结构性矛盾。这就是本书所说的"解决问题的困境"。

与此同时，为了实现着眼于"无知、未知"的发现问题，我们还要思考：上游的人才需要具备怎样的价值观和技能组合？ 社会、企业等组织要怎样做才能活用这些人才？

在自然界,流到下游的河水会注入大海,经过蒸发变成云,然后以雨水的形式回流到上游。在"知(识)"、组织等"封闭体系"中,这样的"回流"是以怎样的机制发生的呢? 一言以蔽之,创新便相当于"回流",但创新的构成看起来并不像自然界那般顺利。在PART Ⅲ中,我们将探究其原因和解决方法。

从解决问题到发现问题

PART I "知"与"无知、未知"的结构	未知的未知 / 已知的未知 / 已知的已知
PART II "解决问题"的困境	发现问题 ←对立→ 解决问题
PART III "蚂蚁的思维" vs. "蝈蝈的思维"	"蝈蝈的思维" ①流量 ②开放体系 ③可变维度 ⇔ "蚂蚁的思维" ①存量 ②封闭体系 ③固定维度
PART IV 发现问题所需的"元思考法"	"元思考法" ・抽象化、类推 ・思考的"轴" ・Why型思维

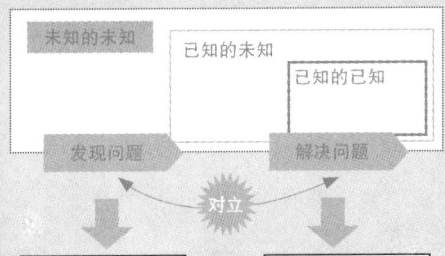

PART Ⅲ 的整体概念图

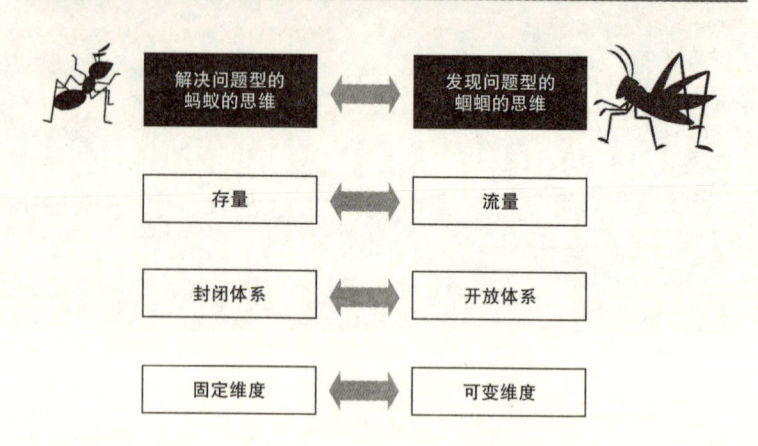

```
解决问题型的          发现问题型的
  蚂蚁的思维    ⇔    蝈蝈的思维

    存量       ⇔       流量

   封闭体系    ⇔      开放体系

   固定维度    ⇔      可变维度
```

PART Ⅲ 的要点

- 明确"解决问题的困境"的原因在于解决问题型的思路与发现问题型的思路不同这一对立结构。
- 二者的不同特征可归结为"存量vs.流量""封闭体系vs.开放体系""固定维度vs.可变维度"这三个根本要因。
- 通过"视储存为美德、有巢、在二维世界中行动=蚂蚁的思维"与"视使用为美德、无巢、在二维和三维世界间往来=蝈蝈的思维"的类比,将二者的行为原理加以对比。
- 对社会、企业中的蚂蚁和蝈蝈的对立结构进行整理,寻找共存共荣的办法。
- 关于发现问题所应着眼的"奇点",思考从两种思路研究的重要性及其方法。

PART Ⅱ阐述了解决问题与发现问题在思路上的巨大差异，指出了存在"解决问题的困境"，还分析了"解决问题的困境"为何会成为导致上游和下游之间产生裂隙的根本原因，以及社会、企业、学校均被"下游"最优化的原因。

我们平时能够隐约意识到，解决问题与发现问题在思路上存在巨大差异，但往往并不明确。

在PART Ⅲ中，我们将把活用"无知"的发现问题的思路与解决问题的思路进行对比，突出二者的差异，明确活用"无知"需要满足哪些条件。这里将利用"蚂蚁和蝈蝈"的类比，因为发现问题与解决问题在思路上的三个明显不同点，与蚂蚁和蝈蝈的特征是一致的。发现问题型＝蝈蝈，解决问题型＝蚂蚁。

要想消除"解决问题的困境"，不能单纯对表面事象和行为模式进行类型化，而要聚焦于根本的"思路"，讨论"为什么"会形成相反的行为模式和对立结构。

此外本书还会讨论，要想把活用"无知"的发现问题的思路以及蝈蝈思考法运用于企业等组织、集团时，需要满足哪些条件。

3.1 "蚂蚁思维"与"蝈蝈思维"的差异

正如前文所述，指向用于解决问题的"下游"的创意，与指向用于发现问题的"上游"的创意，在价值观和视角上有很大的不同。我们平时需要的主要是解决问题型的思维，无论学校、公司还是日常生活，大致都被这种价值观支配着。

这种价值观大体上来说正确，但在"发现问题"的场合，则有可能变成阻碍。这就是"解决问题的困境"。因此，为了将目前占统治地位的解决问题型的价值观转变为当前急需的发现问题型的思维，必须彻底逆转齿轮的转向。从"重视知识"的思维方式转为指向"无知、未知"的思维方式，就是一个具体的例子。

PART Ⅱ中讨论过的"知（识）的困境"的产生，源自"静态固化导致的衰退""封闭体系""向心力"等知识的内在本质特征。这会直接导致"解决问题的困境"。

考虑到这些因素，思维的转换大体上有三个要点：

- 从"存量"到"流量"
- 从"封闭体系"到"开放体系"
- 从"固定维度"到"可变维度"

下面我将尝试从这三个视角出发，对两种相反的思路进行对比，讨论着眼于"无知、未知"的发现问题需要怎样的思维方式。在对比两种思路的时候，将利用"蚂蚁和蝈蝈"的类比。

因为蚂蚁和蝈蝈在这三个视角上是各自不同的，而且从以前被看好的"蚂蚁的思维"转变为以前受尽白眼的"蝈蝈的思维"，可谓形象生动，容易把握。

●蚂蚁与蝈蝈的思维的三个差异

众所周知，蚂蚁和蝈蝈的对比来自著名的伊索寓言。在夏天辛勤劳动"蓄积财富"的蚂蚁到了冬天也不愁，而在夏天"唱歌、跳舞、游手好闲"的蝈蝈毫无积蓄，到了冬天就会陷入困境。这则寓言通过蚂蚁辛勤劳动增加积蓄的行为，教我们知道了存量的重要性。

接下来，本书将提出这种一直被视为理所当然的价值观的反论。

首先列举解决问题型思路与发现问题型思路的三个根本性差异，这就是我们用"蚂蚁和蝈蝈"的类比来表现的原因。

请见图3-1。

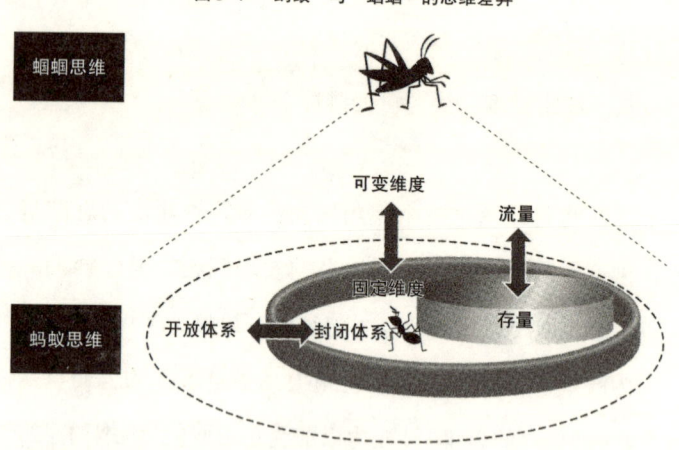

图3-1 "蚂蚁"与"蝈蝈"的思维差异

蝈蝈思维

可变维度　流量

固定维度　存量

蚂蚁思维　开放体系 ←→ 封闭体系

"储存的"蚂蚁和"使用的"蝈蝈

"蚂蚁思维"与"蝈蝈思维"的三个差异如图所示。

第一点是"存量"与"流量"的区别。主要的不同在于：是重视由智慧资产，即过去的经验和知识积累的"存量"，还是重视用后就扔掉也没关系的"流量"。

想想那个著名的伊索寓言故事，很容易就能明白："储蓄型"的蚂蚁拥有的是存量思维，而"有了就立刻用掉"的蝈蝈则是流量思维。伊索寓言中的对象是财产，即"金钱"。相较于有了就立刻用掉的蝈蝈，蚂蚁将以备将来之用的积蓄视为美德。这就是二者价值观的差异。

若把"金钱"换成"知（识）"来看，本书所说的重视知识，就是把知识当成"存量"的思维方式，而重视"无知、未知"则决不是在轻视知识本身，可以视其为"重视流量"的思维方式,也就是为了生成新知识,用后就扔掉也没关系。这便是我们通过用"蚂蚁和蝈蝈"做比喻来对比思路的最大理由。换言之,也可称为"发自已知的想法"与"发自未知的想法"的不同。

"有巢"的蚂蚁和"无巢"的蝈蝈

第二点是"封闭体系"与"开放体系"的区别。直接来说,区别在于:是根据自己的常识和判断基准给事物"画线","将其内侧与外侧分开考虑",还是"原样不动(不画线)地看待所有事物"。有自己的"巢"的蚂蚁,会将"组织的内与外""常识与非常识"明确地区分开来思考。与之相对,没有"可依之巢"的蝈蝈则会"不画线"地、一视同仁地看待事物。

"二维"的蚂蚁和"二⇔三维"的蝈蝈

第三点是"固定维度"与"可变维度"的区别。简单来说,就是基本上只能进行前后或左右这种"二维"动作的蚂蚁,与必要时可以选择进行"跳跃"这种"三维"动作、"能在二维和三维之间自由往来"的蝈蝈的区别。这里所说的维度,指的是"对象问题的变量"。把变量的种类固定下来进行思考的是蚂蚁,使变量的种类出现增减等变化来思考的是蝈蝈。

总结上述思路的三个差异即为:"重视解决问题"的蚂蚁"重视存量",并且在"封闭体系"内以"固定维度"进行思考;蝈蝈则"重视流量",在"开放体系"内"自由增减维度"。

在后面的章节中将会针对这三个差异和行动模式的不同逐一进行讲解。

●判断是蚂蚁还是蝈蝈的检查表

你或你周围的人,是有着"蚂蚁的思维",还是有着"蝈蝈的思维"? 哪一方的倾向更强?

请使用图3-2的检查表,判断自己(或周围的人)属于哪一类。

图3-2 判断是蚂蚁还是蝈蝈的检查表

	蚂蚁	完全符合 -2	部分符合 -1	两种均不符合 0	部分符合 1	完全符合 2	蝈蝈
1	擅长团队合作,深受前辈青睐						个人主张强烈,也会与朋友或前辈发生冲突
2	对数字敏感						对数字不敏感
3	即使在不利环境中,也一定会努力摆脱困境						一旦环境不利,就会立刻寻找其他环境
4	是"该领域的专家"						任何领域都插一脚,不具备专业性
5	对法律和规则知之甚详						对法律和规则很不熟悉
6	交给自己的工作总是切实地完成						如果觉得工作本身毫无意义,就会将其推翻
7	首先重视"眼前的现实"						重视"崇高的理想"多过眼前的现实
8	对于着装和措辞严格						不介意着装和语言的混乱
9	不管在学校还是社会,总是遵循"主流"						拼命思考"如何才能轻松享乐"
10	总是付出比常人多一倍的努力						新兴国家

总分在–20和+20之间。

作为一个大概的衡量标准，可以说，低于–10分的人明显有着"蚂蚁型的思路"，高于+10分的人明显有着"蝈蝈型的思路"。

根据检查表的内容，总结先前导致"思路的三个差异"的行为特性，可以得出蚂蚁与蝈蝈的不同如图3-3所示。

图3-3 蚂蚁与蝈蝈的不同

蚂蚁	蝈蝈
优等生	劣等生
大人	小孩
专家	外行
组织人	自由人
团队合作	个人单干
一本正经	异端分子
实务家	梦想家
农耕型	狩猎型

请逐一观察，看看思路和行为特性上的这些不同，究竟是通过怎样的对比体现出来的。

当然，蚂蚁和蝈蝈不一定像"非0即1"那样能用数字分割开来，二者的要素在每个人身上都是同时存在的。而且在一个人的人格之中，会根据场合区分使用二者的功能。例如在工作中，可能蝈蝈的要素更明显，而在家庭中，则是蚂蚁的要素更明显。

正如表中所示，蝈蝈是"小孩"，蚂蚁是"大人"，随着时间流逝，曾是蝈蝈的要素往往会变成蚂蚁的要素。

蚂蚁是存量型思维，这意味着一个人一旦开始积蓄，就很可能从蝈蝈型思维变为蚂蚁型思维。随着年龄增大，人会逐渐积累经验，建立地位和财产，增强专业性，提升自己对组织、集团的归属感——这些都是推动思维向蚂蚁型转变的要因。

本书将基于这样的背景，将两种思路进行对比。

此外，本书之所以使用各种形式，在"二分法"的结构下进行讨论，是为了将那些要素作为不同视角明确区分开来，明确各场合的论点及其视角，避免无用的对立，各尽其才地活用各个特性。希望读者理解这一点。

后文还会谈到，"二分法"的视角与单纯的"二选一"有很大的不同。本论并不是在进行"是蚂蚁还是蝈蝈"这样单纯的"是0还是1"的二选一讨论，而是在揭示"解决问题"和"发现问题"中的视角。希望读者能够充分理解这一点，然后再去阅读后面的讨论。

在这部分，本书不会将二者理解为表面的对立事象，而是根据二者的思维和行为模式源自"思路的三点差异"这一脉络，配合其结构性理由，阐释这样的差异"为什么"会发生。

思路的三点差异未必是完全独立的，下面就对其进行大致分类，说明彼此的不同。

3.2 从"存量"到"流量"

首先阐述第一点的"存量"与"流量"的差异。

伊索寓言里"蚂蚁和蝈蝈"的故事,描写了在夏天辛勤储存粮食以备冬用的蚂蚁,以及在夏天有什么就用什么,结果到了冬天没有任何积蓄的蝈蝈。也就是说,蚂蚁重视"存量",蝈蝈重视"流量"。

● **当蚂蚁的美德瓦解时**

在这则寓言里,"蚂蚁是善,蝈蝈是恶"的一面体现得非常明显。然而在当代环境中,这一关系有时会发生逆转。例如,为了引发能够摆脱因循守旧状态的"破坏性创新",需要将以往的积蓄重置,在"零基"上进行思考。要想实现"在白纸状态下思考",关键恰恰在于能否将以前作为存量所积累的资产全部抛弃。

而且这里所说的存量,一般是指包括"人力、物力、财力",即人力资产、物质资产和金融资产在内的品牌、技术诀窍等。

在解决问题的阶段，资源是不可或缺的。问题的解决方案确定之后，要想落实到执行上并取得成果，"人力、物力、财力"自然不可缺少，而且通常是"越多越好"。所以，蚂蚁才会有平时把能积攒的东西积攒起来的想法。

再加上发现问题与解决问题的这种本质结构的差异，使得作为商业中智慧资产的知识的定位，也正从"重视存量"变为"重视流量"。

环境变化对此影响很大。首先能够举出的一大要因，是ICT（Information Communications Technology）的发展。由于互联网和云端存储的发展，知识和信息成为能在网络上随时检索的共有财产的趋势越来越明显。这是因为，"作为存量的知识"不再由企业个体和个人把持，而是由作为共通仓库的云端和互联网来存储。也就是说，对于企业个体和个人而言，知识和信息从"积攒"变成了"使用"。

SNS的普及，也使交流中的信息从存量变成了流量。"时间线"将信息理解为流量，"曾经问过的问题的答案，要向过去的存档中寻找"是存量式的想法，而"再问一遍能更快地得到答案"则是作为流量的时间线的想法。

此外，当代商业环境的变化显著加快，也是出于"知识流量化"的推动。在变化极少的环境里，"因循守旧"进行思考，大多能得到好的结果，所以存量型的思维是有利的。而在变化激烈的世界里，"过去的知识"的价值会相对降低，如此一来，需要在各方面把知识和信息当作流量的场合就会增多（"新鲜的蔬菜"不可能统一贮存整个冬天的量）。

当然也有人认为，通过网络得到的知识难堪大用。这种意见自然不无道理，但尤其是关系到"事实"或"可重现"的知识，网络上的信息肯定正在飞跃性地增多，所以确实存在向这个方向发展的趋势。

● "有产者"与"无产者"的区别

存量思维与流量思维的区别体现为：不管在哪方面，一方是"发自现有的东西"的想法，另一方则是"发自现在没有的东西"的想法。

重视存量的思维，就是所谓"有产者"的思维。知识也好，物品也罢，总之蚂蚁已经积累了一份财产，所以会思考"怎样才能最大限度地活用现有的东西"。这自然就成了"重视守护"的思维。以知识的世界来说，这样的思维很难向颠覆既有定论的方向发展，因为一旦那样做了，自身地位这一存量就会受到威胁。

在商界，最先需要考虑的是如何最大限度地活用既有顾客、技术、工厂设备等"现有的东西"，所以很难产生引入全新结构的想法。由于重视"现有的知识和经验"，无时无刻不对"去年的实绩"和"竞争对手的事例"有所意识，将一切事物的"积累"都视为美德，所以总是因循守旧地考虑问题。

目前已在业界内建立起一定地位的企业,自然是"蚂蚁型思维",即使在同一家企业内部,比起弱小的事业部,拥有强大产品的事业部的蚂蚁型思维也更明显。品牌也一样。已经拥有"口碑和名声"的组织或个人,会想方设法地守护这些东西。因此,所谓的"沉浸于过去的成功体验中"也是蚂蚁型思维的弊端之一。

蚂蚁始终认为,自己现在所属的组织或业界的规则、常识、社会规范都是"理所应当"的。对于蚂蚁而言,它们就是思维的"牢笼"。

与之相反,流量型的蜩螗是"无产者"的思维,其意识始终从"现在没有的东西"出发,指向未知的事物。蜩螗对"囤积"毫无兴趣,总是觉得"使用才有意义"。对于蜩螗而言,存储在互联网上的海量信息大概是绝佳的"食材"吧。

此外正如前文所述,二者的结构未必一定要简单地分成"蚂蚁型思维的人(或组织)"和"蜩螗型思维的人(或组织)"。哪怕只是一个人,即使(暂且不论好坏)在自己的"外行"领域里能够进行蜩螗型的思考,一旦到了自己的专业领域或"有东西要守护"的领域,往往就会不可避免地变成"蚂蚁型思维"。

因此,并不是说"创业家"就能一直秉持蜩螗型思维。一旦事业步入正轨,业绩和组织规模扩大,自然就会变成"有产者的思维",然后要么在不知不觉间彻底变成蚂蚁的守护型思维,要么由于无法适应或不想适应而变成"连续创业者",离开自己创建的这家公司,重新回到能够活用蝈蝈型思维的创业阶段。

也可以说,二者的区别在于,一种是喜欢定居的农耕型思维,一种是不定居的、频繁搜寻新猎物的狩猎型思维。

●从"未知"="不知道的事"开始思考的蝈蝈

在安定的时代,蚂蚁的存量型思维是有利的,但是缺乏变化。一旦到了变化剧烈的时代,就像好不容易积攒的金融资产瞬间化为乌有一样,知识资产也有可能一下子变得毫无用处。

在环境变化迅速的世界里,知识资产的衰退是不可避免的。对于某个时代或领域的专家而言有用的知识资产,到了下个时代反而会变成"负担"。正如"行李多的人"搬家很麻烦,这同"动作迟钝"的结构是一样的。

像蚂蚁这样对变化表示抗拒,原因正在于"存量型思维"所导致的巨大的"惯性力"。

在这一点上,流量型的蝈蝈更加灵活,能发挥"无产者的优势",灵活地应对变化。蚂蚁的思维是"守",蝈蝈的思维是"攻"。这在很大程度上是因为,蚂蚁有"要守护的东西",而蝈蝈"没什么要守护的东西"。

蚂蚁会从"知道自己能做到的事"开始切实执行,但对于蝈蝈而言,"已经知道自己能做到的事"便不再是感兴趣的对象。蝈蝈之所以在旁人看来"没长性",原因便在于此。

可以说，从"知道的事"开始思考的是蚂蚁，从"不知道的事"开始思考的是蝈蝈。蝈蝈的智慧好奇心总是朝向"新的未知事物"，即便在使用知识的时候，其目标也非常明确，归根结底就是"为了创造出未知事物"。显而易见，要想在"在白纸上定义框架"的发现问题的阶段进行零基思考，蝈蝈的思维更合适。

对"现有事物"顽强执着的蚂蚁的姿态在解决问题时很有效，但在发现新问题的时候，反而会起负面作用。

●积蓄"已知"="知（识）"的蚂蚁

对于蚂蚁而言，了解"现有的巢的复杂结构"是其最大优势，而且巢的结构越复杂，就越能跟其他蚂蚁拉开差距，所以这一点很关键。这一类比如果应用到业界知识上，也可以说，洞悉规制产业中的规制，是在那个世界生存下去的最佳方法。对于蚂蚁而言，洞悉现状的复杂结构就是生存技能。

组织中的规则、人脉、权力斗争越复杂，熟悉"业界情形""公司内幕"的人就越强大，越有机会晋升。对于闭锁性的组织，可以直接应用这一类比。

对于蚂蚁而言，"存钱"很重要，要么以备将来之用，要么用来提高自己的地位。与之相对，蝈蝈则认为"使用才有意义"，会把现有的东西统统用光。这就是二者在思路上的决定性差异。

这种经济积蓄中的蚂蚁与蝈蝈的性格差异，同样适用于"智慧积蓄",即知识。从蚂蚁的思维来看,辛勤地反复学习知识并积蓄起来,是对下个时代的最大储备。也就是说,重视积蓄"知(识)"的蚂蚁看着过去的成功规律和体验这一"存折余额",会暗自窃喜。

然而,认为"使用才有意义"的蝈蝈可不会这样想。换个季节就会重置的蝈蝈,可以说"连隔夜的知识也没有"。

对于蚂蚁而言,"过去的原委"很重要。过去的事永远不会忘记,因为现在就存在于过去的积累之上。与之相反,蝈蝈不会留恋过去,它只会考虑"当前"的事,决断总是不厌其烦地"变来变去",随时都能变成其眼中最好的选择。这里也明确体现了"存量思维"与"流量思维"的区别。

3.3 从"封闭体系"到"开放体系"

接下来说明思路的第二点差异,即"封闭体系"和"开放体系"之间的差异。

将PART Ⅱ所讨论的"封闭体系"与"开放体系"的区别跟蚂蚁和蝈蝈的形象联系起来,可以说就是"以巢为中心活动的蚂蚁"与"无巢的蝈蝈"的区别。就解决问题而言,"在框架内思考"是"封闭体系"的思维,除去框架思考是"开放体系"的思维。

在"封闭体系"内思考时的思路有两个特征:①"观察对象已被画'线'";②"存在内外之分"。也就是说,"封闭体系"的思维是内向的。这里的"内"和"外",指的是"包括自己"和"不包括自己"。也就是说,"封闭体系"总是以"主观"为中心进行思考,"开放体系"则拥有客观看待自身的视角。

与之相反,"开放体系"不画线,没有内外之分,思维总是外向的。思路的各种差异如图3-4所示。

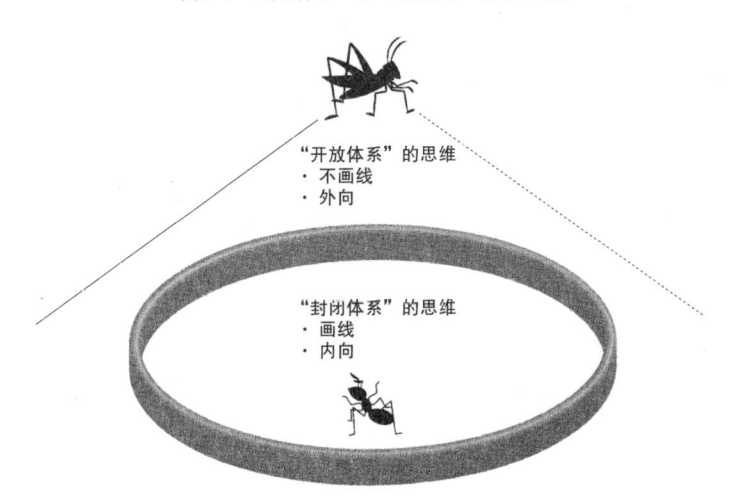

图 3-4 "封闭体系"与"开放体系"的思维差异

"开放体系"的思维
· 不画线
· 外向

"封闭体系"的思维
· 画线
· 内向

● "画线"的蚂蚁与"不画线"的蝈蝈

在思考"知""无知、未知"的时候，"画线"的意义正如 PART Ⅱ 的说明。下面再来重新确认蚂蚁和蝈蝈有着怎样不同的思路。

蚂蚁画线思考，蝈蝈不画线思考。其形象如图 3-5 所示。

在图 3-5 中，位于下方中部的是不包括个人解释在内的具体的"事实"本身，与之相对应的解释各不相同。对于这些解释，蚂蚁是通过画线明确区分"内和外"来加以认识的，而蝈蝈则故意不画线，按照原样直接理解。可以说，蚂蚁的事物观（非 0 即 1 般的二值视角）是数字型的，蝈蝈的事物观（连续变化的视角）是模拟型的。

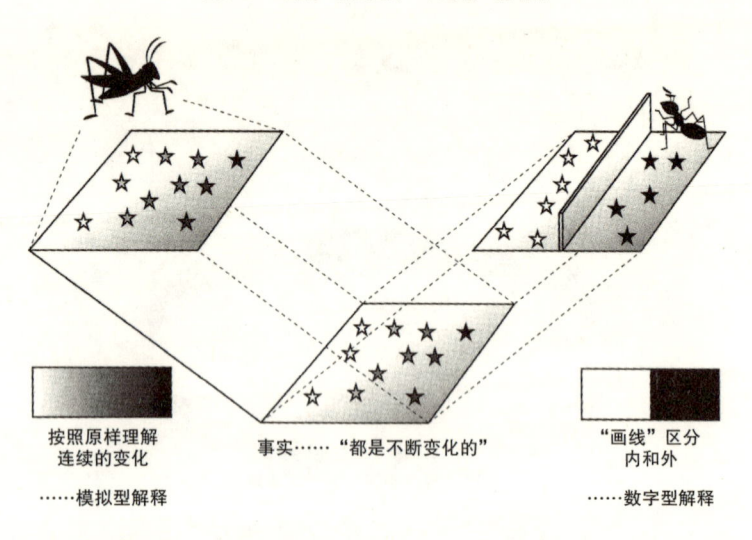

图 3-5 "画线"的蚂蚁、"不画线"的蝈蝈

按照原样理解
连续的变化
……模拟型解释

事实……"都是不断变化的"

"画线"区分
内和外
……数字型解释

其他例子还有前文所述的"业界""组织"的画线。对于蚂蚁而言，商业中的企业或个人活动的重点在于"哪个业界或组织的活动"。如果该组织的结构是由不同部门负责不同业界，则只有明确定义了具体的负责部门，蚂蚁才会付诸行动。

相反，不论好坏，蝈蝈都是灵活机变的。面对无法明确定义具体业界的顾客，蝈蝈首先会洞悉该顾客的特性，然后若有必要，就会欣然地"重新画线"（重新定义组织）。

"封闭体系"与"开放体系"的具体差异经过整理，如图 3-6 所示。

下面分别解释这些特征。

PART Ⅱ 中曾讲过"画线"的功过。

图3-6 "封闭体系"与"开放体系"的差异

"封闭体系"	"开放体系"
存在"墙的内外"	不存在墙
区分"常识"与"非常识"	词典里不存在"常识"和"非常识"
数字型（非黑即白）	模拟型（均为灰色）
二选一	二分法（频谱）
存在中心	不存在中心（均为等距）
使用既有的轴	努力想出新轴
排除奇点	通过奇点得出轴
让对方配合自己	尝试怀疑自己
决定论（重视必然性）	概率论（重视偶然性）
在"近"的领域内思考	同时以"近"和"远"的视角思考
急速发展，急速衰退	缓慢发展，缓慢衰退
不可逆过程	可逆过程

下面列举几个对观察对象画线的例子。第一个是已经说过的"常识"和"非常识"的区分。孩子在长成大人的过程中，应该掌握的最重要的东西之一，便是"常识"，但常识必然会随时间而衰退。

例如，以前除了电话之外，个人之间还用电子邮件作为联络手段，但通过电话提出正式请求属于"常识"，通过电子邮件沟通要事则属于"非常识"，所以有时会频繁使用"用邮件联系，真是失礼了"这样的开场白。

然而随着时代改变，现在的这一代人生活在电子邮件是"常识"的环境里，认为打电话有可能妨碍私人时间而讨厌通过电话交流的人逐渐成了多数派。由此可见，所谓的"常识"终归会随时代或状况而变，可很多人却把通过画线完成的"常识和非常识"奉为金科玉律。

蚂蚁将那些与自身群体所共有的价值观相一致的事象作为"常识"予以肯定，对其外侧的事象则视为"非常识"予以否定。与之相对，蝈蝈会把所有事象当作连续的变化去理解，所以在思考时不会有明确的常识与非常识之分。也就是说，蝈蝈的词典里不存在"常识"和"非常识"这两个词汇。

例如，蚂蚁会将自己无法理解的新一代人的行为视为"非常识"，做出二选一的判断：要么促其行为改变，使之进入"常识世界的内侧"，要么否定拒绝。相对地，蝈蝈只会觉得"有那种倾向的人正在增多"，淡然地理解事象的变化，既不否定也不肯定。

以语言来形容，蚂蚁的思维就是固执于"正确的用法"。语言这东西是随时代而变化的，但蚂蚁会用线画出"语法"等"正确的用法"，思维局限于固定视角。即便是很多人使用的"惯用读法"的词，蚂蚁也始终会从语法的角度去判断，坚持"这样才是正确的"。

相反，蝈蝈对此不会觉得正确或错误，而是会以"有20%的人正在使用这个词""最近像这样说话的人越来越多了"之类的形式，原封不动地、连续地把握事实，不在其中"画线"。蝈蝈对于变化很敏感，同时会灵活应对，而且能够迅速意识到蚂蚁所画之线的矛盾之处。

● 重视"中心和序列"的"封闭体系"

外框和中心确定的"封闭体系"，会受到"向心力"的作用。其中存在明确的"依据"，也就是存在"巢中的蚁后"般的中心。这种向心力越强，作为"封闭体系"的排他性就越强。由此，提高体系完成度的速度会加快，但与之同时，排他性会导致体系迟迟不能适应外部环境的变化，可谓功过参半。这关系到本书一贯主张的"体系的不可逆性"所引发的困境。

在存在这种中心的场合，"序列"很重要。

将组织看作一个体系比较容易理解。例如，无论国家还是组织，在"向心力"很强的独裁国家或具备超凡魅力的经营者所领导的组织中，其所依据的价值观很明确（独裁者的"哲学"），同时大多牢固地维持着以之为中心的"序列"。

蚂蚁的组织即是如此，存在"蚁后"这一中心，也存在蚁后、兵蚁、工蚁这样序列明确的"种姓制度"。可以说，这也直接反映出，这样的序列最适合蚂蚁的"思维"和"行为模式"据此经营"巢"这一"封闭体系"。

"封闭体系"中不存在"下克上"。不难理解，视维持秩序为最优先的封闭组织，其不可逆发展的程度越甚，越会早早确定"阶层"。通常，在传统的大规模官僚型组织中，入职时的学历或最初分配的工作岗位几乎决定了在该公司的整个职业生涯。以"闭关锁国"和"士农工商"制度为象征的江户幕府之所以能维持日本史上罕见的"长期政权",绝非偶然。

反之也不难理解,将长期安定的组织或社会进行重置的革新者,大多奉行"不看身份用人才"的宗旨。

此外,蚂蚁"封闭体系"思维中的所谓"内和外",就是明确区分自己所在的一侧和自己不在的一侧。因为有巢,蚂蚁会尽心竭力地守护内侧。蚂蚁总是会依据组织的逻辑及上一节所述的存量型的"有产者思维"而行动。蚂蚁的思路就是通过画线区分"对方"和"己方",始终以"己方"为中心思考事物,否定、排除并规制"对方"。

与之相对,蝈蝈没有"巢",所以不会带着预判去看待事物。不是"支持或不支持哪一方",而是先从中立的视角开始观察——这就是蝈蝈的立场。

对于生活在以中心为顶点的序列下的蚂蚁而言,"服从蚁后"是金科玉律。要想高效地维持组织,需要大量的"依附权势"的成员。

蚂蚁不会破坏队列,基本上会"仿效排头"。相对地,基本外向且高度自由的、(在蚂蚁看来)"任性"的蝈蝈则与集团行为不相融合。蝈蝈所依据的前提条件和思路,与其工作风格密切相关。

● "二选一"的蚂蚁与"二分法"的蝈蝈

"画线"的蚂蚁和"不画线"的蝈蝈。我们再来从其他角度分析二者思维的差异。通过画线明确区分巢的内外的蚂蚁，容易形成"二选一"的思维。

在这里，经常与二选一相混淆的，是"二分法"的思维方式。

所谓二分法，是指在解释事物的时候，将以两个相反概念为"两极"的轴设为思考的轴的思考方法。本书中也出现了多种二分法的思维方式，比如"发现问题和解决问题""蚂蚁和蝈蝈"等，它们恰恰提供了"用来思考的视角"。

二分法与二选一的区别如图3-7所示。

所谓二分法，归根结底就是明确"对立轴"，但这未必意味着"所有事物都可分为两类"，而二选一的思维，则是认为所有

图3-7 "二分法"与"二选一"的区别

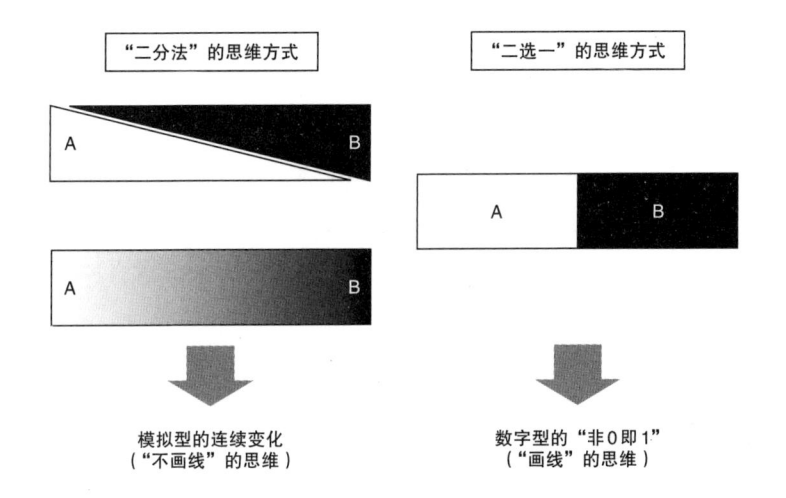

"二分法"的思维方式　　　　　"二选一"的思维方式

模拟型的连续变化　　　　　　数字型的"非0即1"
（"不画线"的思维）　　　　　　（"画线"的思维）

事物都可分成两类。

通过二分法，可以明确思考的轴（视角）。

换言之，为了表现"灰色的程度"，如果明确了"白"和"黑"这两个极端，就能通过一个坐标轴和该值（程度）来表现"何种程度的灰色"。这便是前文所述的"画线思考"的思维与"不画线按原样理解"的思维的差异。

正是这些差异，导致了是具体理解个体事象还是作为"概念"理解的区别，即通过上位概念理解还是通过下位概念理解的区别（图3-8）。

图3-8 "二选一"是下位概念，"二分法"是上位概念

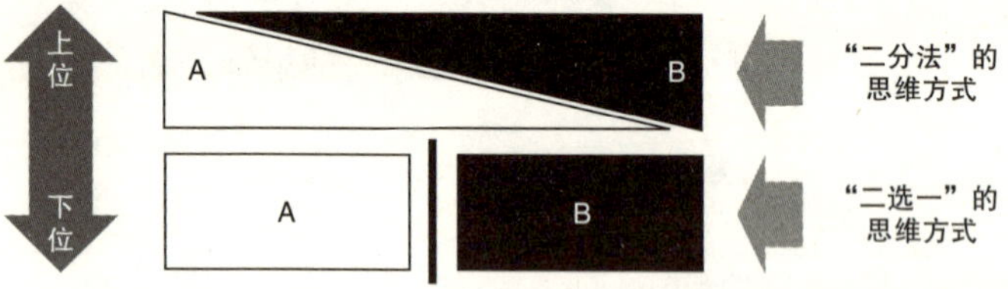

● "封闭体系"思路的优势和弱点

从"封闭体系"还是"开放体系"的角度来说，日本人的思路可用"村落社会"和"岛国根性"等词语来代表，总之毫无疑问是"封闭体系"。

例如日语这一语种，全世界懂日语的人和不懂日语的人的分布是"数字型"的。在日语能力这方面，几乎完全呈现为"会

的人"和"不会的人"这种两极化(就整体而言,掌握日语的"外国人"是极少数派)。

相对地,关于英语能力,假如当地人的能力是一百分,那么可以说,全世界连续分布着"二十分""五十分""七十分"等"蹩脚"的人。也就是说,英语是"开放体系"型的语种。

此外,"鬼在外,福在内"这句话象征性地体现了日本人的思维模式。明确意识到"内和外","鬼在外",表明了让鬼出去的意思,而从"开放体系"的思维来看,则意味着"出去的鬼自有其作用"。

再比如,依照商界习惯,向其他公司的人提到本公司的人,不会在姓名后附加敬称。这也是通过画线明确区分自己所在公司内外的"封闭体系"的思维的象征。

在开放式创新和外包日益发展的过程中,如此明确画线的思维往往会导致偏差的出现。

这样想来,对于擅长"在封闭体系内思考"的日本人而言,"使固定框架内部达成最优化"可以说是绝佳的成功模式。被揶揄为"加拉帕戈斯化"的、实现了日本特有进化的产品和服务,容易得到"这是在日本以外并不通用的特有样式"之类的负面评价,但同时也不乏"框架内的成果非常出色"这样的评价,可见这方面的优势也得到了充分的发挥。汽车、电机产品等也是如此,当被加上"产品"这种程度的"外框"时,使其达成最优化就是典型的成功模式。可以说,既有的日本企业很好地体现了"封闭体系"的优势和弱点。也就是说,日本人所拥有的传统思路,擅长的即是"解决问题型"而非"发现问题型"。

在研究今后的商业时,"全球化""社会化"等关键词不容忽视,而它们无一不是以"开放体系"为前提的。此外,以ICT的世界为中心,"云""平台型商业模式"等概念的重要性日益提高,而这些概念均需要定义新的体系,所以要求"重新画线"的思维。通过这些视角不难看出,发现问题型的思维,即"蝈蝈的思维"将变得越来越重要。

"公司内部SNS"的自我矛盾

因推特、脸书等SNS(Social Networking Service)而在全世界得到爆炸性普及的"社交"风潮,从大的意义上讲,意味着人际交往和交流正逐渐从"画线"的封闭体系转向"线被擦掉"的开放体系。

具体来说,把各种维度下的分界,包括"公司内部"与"公司外部"的分界、"私人"与"工作"的分界、"在校生"与"毕业生"的分界、"上级"与"下级"的分界等的"线"擦掉,是"社交"的基本思路。

脸书的创始人马克·扎克伯格在2010年1月于美国旧金山举办的活动现场表示:"个人隐私已不再是社会规范。"人们对此臧否不一,但这句话也证明,SNS的根本是无公私之分的哲学。这句话的内涵与社交的基本思路是一致的。

从这个意义上讲，近年来为了革新企业内的信息共享而被很多公司导入的"公司内部SNS"，从开放体系/封闭体系的维度来看，实在是一个很复杂的工具。

"公司内部"明确体现了"（与公司外部之间的）墙"的意识，SNS则意味着"开放体系"。这两个词组合起来本身就显得很矛盾。

当然，这一工具是将旧有的"封闭体系"的信息共享系统置换为最新的（就ICT技术而言）SNS系统。这一点是可以理解的，而且其出色的效果也不难想象。

只不过，就SNS的本质，即从"封闭体系"到"开放体系"的"哲学转变"这点来看，"局限在公司内部的社交活动"可说是极不完善的次品。

"横向串联""跨职能协作"是"封闭体系"的思维

在纵向领导关系牢固、本位主义盛行的组织里，常能见到横跨组织，即所谓"横向串联""跨职能协作"的活动。然而，这些活动中仍残留着"各组织间存在墙"这一"封闭体系"的思路，因为这样的交流中仍然残留着必须通联起来的"串"的基本结构，以及"职能"这一限制。

如果目的是真正意义上的打破壁障，就要求思路本身必须转变为"开放体系"，不然就会表现出某种自我矛盾。

"国内""海外"事业部的命名是"封闭体系"

如今,全球化正在日渐发展。乍一看容易以为全球化="开放体系",但事实未必如此。从组织的命名方式即可窥见一斑。日本企业中常见的"国内事业部""海外事业部"等命名,就是存在"中心"、画了线的,是典型的"封闭体系"的思路的体现。

总而言之,这样的命名就是在区分日本与"日本以外",而全球化则是将等距离看待一切"开放体系"作为前提的。从这一点来看,将所有地区以均等距离(考虑到营业额和公司优势等因素,强弱之分是免不了的)编成组织,才能称为真正的全球化。

通过前面提到的SNS、横跨组织的活动、全球化等例子,可以看出一般的公司组织是怎样由"封闭体系"的思路构成的。即使进行新的尝试,一切思路依然如此。

通过解释看待事实的蚂蚁与通过事实创造解释的蝈蝈

"封闭体系"的优点和缺点均在于"画线"解释事物。根据PART Ⅰ的讨论,画线发生于解释层面而非事实层面。因此,蚂蚁和蝈蝈对事实和解释的看法存在很大的差异(图3-9)。

对待任何事都会画线思考或视所画的线为金科玉律的蚂蚁,会通过固定的解释去看待事实,拿事实配合解释。蚂蚁把"规则""组织的逻辑"或"世间的常识"当作判断基准,一旦现实中发生的事象与之相违,就会表现出改变事实以配合解释的

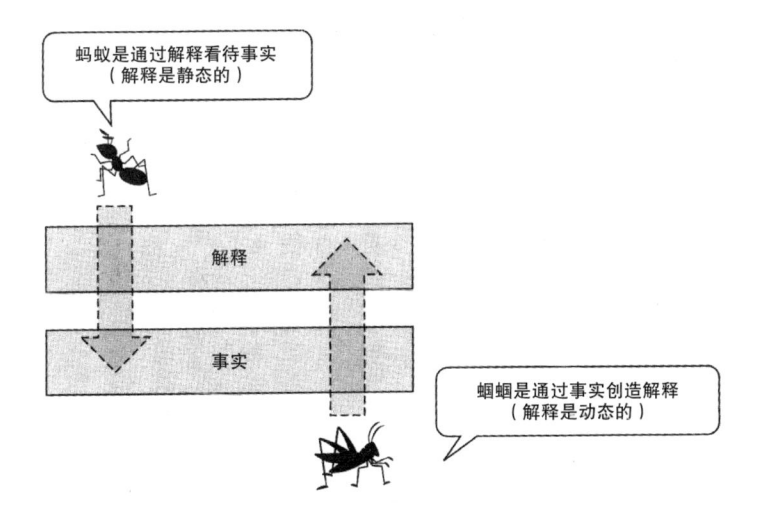

图3-9 是通过解释看待事实，还是通过事实创造解释

蚂蚁是通过解释看待事实
（解释是静态的）

解释

事实

蝈蝈是通过事实创造解释
（解释是动态的）

姿态。

与之相对，蝈蝈并不会画下解释的线，而是按照原样去理解事实，如果觉得解释不通，就会配合事实创造新的解释。这里所说的"事实"，不一定意味着"实际存在过的"，而是指将PART Ⅰ所定义的"零维"解释去除的原始信息或事象（创造性活动未必全部"基于事实"）。

蝈蝈若是觉得"现有的规则""世间的常识"与事实不符，就会毫不犹豫地改变它们。换言之，蚂蚁是"静态"地理解解释，蝈蝈则是"动态"地理解解释。

重视直观和偶然性的蝈蝈

内向的"封闭体系"的思维，重视的是必然性和逻辑性。

与之相反，外向的"开放体系"的思维重视的则是偶然性。在以已经可见或是已经成形的事物为对象的解决问题的世界里，由知识有逻辑地导出结论是常理，而在以未知为对象的发现问题的世界里，则不得不在某种程度上依赖直观和偶然。历史上的发现，往往来自偶然的失败，也可说是缘分注定。

通过纯粹的逻辑思考，绝不会得到超出作为根据的事实、信息或前提条件的结论。而且，逻辑思考的最大武器是任何人据此都会得出相同结论的重现性和必然性，而在进行真正的创造性思考时，仅仅如此是不够的。要想从未知的世界得到新的有创造性的创意，直观和偶然性是无论如何都不可缺少的。

内向的"封闭体系"的思维，是以一切问题和麻烦都能在逻辑上进行预料和假设为前提的，所以会认为一切都能防患于未然。至于"出乎预料"的事情的发生，则被认为是由于事前没有足够考虑好对策。

与之相对，外向的"开放体系"的思维本就以不确定性为前提，所以会用发生后应该迅速应对的眼光去看待问题。也可以说，外向的"开放体系"的思维是以失败作为前提的。

换种说法，"封闭体系"的思维是"将一切导向成功"，对于一种创意，会细致入微地对照过去的知识，检查逻辑匹配性。相反，"开放体系"的思维从一开始就预料到，在概率上必然发生一定数量的失败，所以会肯定"一胜九负"，重视创意的"数量"。

从"不足之处"思考的蚂蚁与"零基础"思考的蝈蝈

"封闭体系"存在"边框",因此不论好坏,"满分(目标水平)"是确定的,所以蚂蚁会着眼于此,思考"还有什么不足"。当杯中装有八成水的时候,蚂蚁会思考"距离装满杯子还差两成",于是设法补满那两成水,如此则必然(从不好的角度讲)善于"对现有事物吹毛求疵"。想把八十分变成一百分的时候,需要的便是基于这种思维的行为模式。

拿工作来说,一旦反复"评价别人制作的基础方案",就容易变成这样。例如,在外部委托占比较大的大企业里,"评价外部委托方或供货商制作的东西"的工作往往很多。一旦持续进行这样的工作,就会形成蚂蚁的思维模式并固定下来。

依照前文提到的拉姆斯菲尔德的框架,蚂蚁关注的是把"已知的未知"变成"已知的已知"。在这里,"已知的未知的外框"就是"杯子的上限",而改变这一上限本就不在蚂蚁的思考范围之内。

与之相对,蝈蝈的工作多是在杯底只有薄薄一层水的状态下进行的。而且,蝈蝈认为"杯子的上限"只是假想出来的东西,所以光是装满杯子并不会令蝈蝈感到满足。蝈蝈总是把视线对准"杯子的外侧",所以会考虑"要是准备个大水桶,多少水都能装得下"。

换言之,由于蝈蝈是将意识指向没有边框的"未知的未知",

所以是永无上限的。

日本人之所以擅长"改善",或许在很大程度上便是源自这种结构。因为"封闭体系"的思路的最大优点,即在于使某种程度上存在边框的事物趋于完美。

不在意他人嘲笑的蝈蝈

生活在"封闭体系"里的成员,彼此之间的关系基本上也是固定且闭锁的。

俗话说"枪打出头鸟",置身其中的生存技巧便是与别人处在同一条水平线上,不显山露水,老老实实地工作。出众、显眼、独占功勋会扰乱集团的规则。同时反过来说,也不会让任何一个成员掉队。这就是蚂蚁的组织。

与之相对,蝈蝈不会在意他人的嘲笑(或是不会逐一在意每次嘲笑)。因为蝈蝈知道,思考的"维度"是因人而异的,所以自己不被"异维度"的人理解是理所当然的事(关于"维度",下一节会作详细说明)。蚂蚁会察言观色,蝈蝈则不会,而且蝈蝈认为费心尽力察言观色本就是毫无创造性的"无用之举"。

换言之,蚂蚁的视线总是对准"横向"(同事或其他公司的同行等),而蝈蝈的视线总是对准"纵向"(上位概念或目的与手段的关联等)。

为了避免误解,这里再稍作补充。在组织里"只看上面的眼色工作",是蚂蚁的典型的行为模式。此时蚂蚁所看的"上面",在蝈蝈眼中只是局限在组织这个小的"误差范围"内,从组织内部这一点来说,终归还是没脱出"横向"的含义。

3.4 从"固定维度"到"可变维度"

在"解决问题型"的蚂蚁和"发现问题型"的蝈蝈在思路上的"三个视角的差异"上，本节将对最后的"固定维度"与"可变维度"的区别进行说明。

在思路的三个差异当中，本节的视角或许是最难以直观理解的。蚂蚁的行动被束缚在"只有前后左右"的二维世界里，蝈蝈则能在必要时选择"跳跃"，能够往来于存在"上下"的三维世界和二维世界之间。通过二者的对比来形象地思考，或许更容易理解（图3-10）。

关于"可变"一词需要补充的是，蝈蝈在不使用后腿和翅膀等"飞行工具"的状态下行走，即二维世界里的活动是可以同蚂蚁一样的，同时还能根据需要自由使用"高度"这另一个维度，因此可以表述为"能在二维和三维之间来去自如"。

● 为了"升维"，要以"上位概念"思考

那么，"固定维度"的蚂蚁与"可变维度"的蝈蝈有着怎样

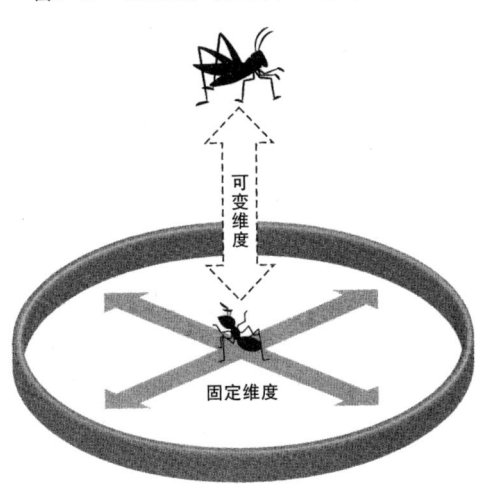

图 3-10 "固定维度"的蚂蚁和"可变维度"的蝈蝈

的思路差异呢？

一言以蔽之，就是"上位概念"的差异，也就是能否从元视角进行思考。上位概念与下位概念的对比如图 3-11 所示。

图 3-11 上位概念与下位概念的关系

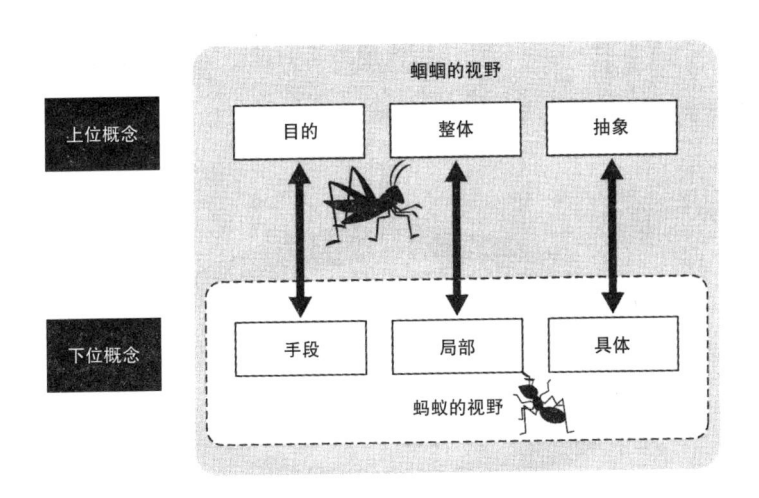

这里通过三种关系来表现上位概念与下位概念的关系，即目的和手段的关系、整体和局部的关系、抽象和具体的关系。

蚂蚁生活在只有手段、局部、具体的世界里，所以无法"跨越壁障"。相反，蝈蝈通过手段–目的–手段、局部–整体–局部、抽象–具体–抽象这样的"反复上下"，能够随意跨越壁障。

下面举例说明目的–手段的关系。对于重视狭义的解决问题，即"解决既有问题"的蚂蚁来说，重要的是手段。因为对于蚂蚁而言，"现实和执行"便是一切，而总是以"可见"形式的现实存在着的，就是手段。至于"目的"这一看不见的、未来的东西，以及"单纯的理想论"，去在意它们只是"浪费时间"。总之，切实执行眼前的手段就是蚂蚁的任务。

与之相对，蝈蝈为了目的会不择手段。以某个目的为中心进行思考时，该目的与相应的手段之间的关系如图3-12所示，是"1对N"的关系，所以蝈蝈基于目的这一上位概念进行思考，就不会局限于特定的手段这一"墙内的世界"，能从宏观的视角出发，选择能够达成该目的的手段。

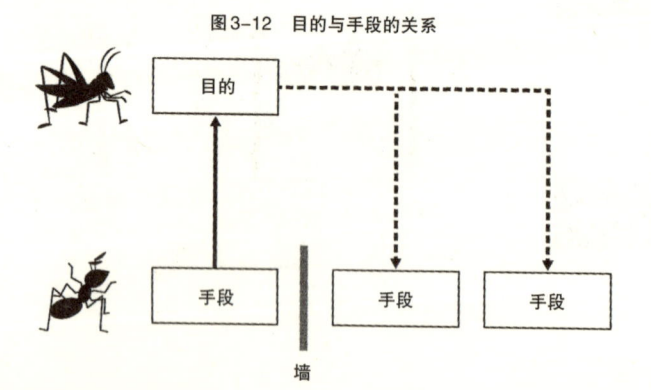

图3-12　目的与手段的关系

对于蚂蚁来说，最重要的是解决问题的具体化方法，也就是How。相对地，蝈蝈需要掌握的则是目的，也就是Why。因为使变量达成最优化需要问的是How，而寻找变量本身需要问的则是Why。

说到具体化，抽象与具体也可说是同样的关系。如果只看具体的世界，发现问题就会浮于表面，无从窥见本质。而通过抽象化，问题所内含的本质性课题就会浮现上来，由此即可进行"跨越壁障"的思考。

暂且不论好坏，抽象是比具体"自由度高"的状态。具体的事物"立刻就能执行"，所以对于解决问题型的蚂蚁来说最重要，但在蝈蝈眼里只不过是"不能应用的表面事象"。

"升维"能使变量增多

扩展到思维的世界来看，维度指的便是"思维的自由度"或"变量"。

上位概念也可称为"高维"概念，也就是"维度高"。较之一维，二维就是上位概念；较之二维，三维就是上位概念。那么，通过升维在"高维"上进行思考是怎么回事呢？为了便于理解，下面列举几个例题。请思考下面的"火柴棒拼图"。

【问题①】用6根火柴棒拼出4个正三角形

最"简单的"答案是,用6根火柴棒拼出"正三角锥"。

这是一个很有代表性的问题——如果局限在平面上思考,很难得出答案,但若扩展到"立体",就很简单了。

下面再看一个"应用问题"。

【问题②】用4根火柴棒拼出"田"字

对于读过【问题①】的解说后已经"扩展维度"的读者,这个问题并不太难。只要把4根火柴棒以2×2的形式凑在一起,然后从纵向上观察火柴棒的"底部",就能看见"田"字了(图3-13)。

这也是不局限于"单纯的二维上的思考"、通过其他的标准来解决问题的例子。

升维能找到"出路"

图3-13 用4根火柴棒拼出"田"字

通过"升维",能找到解决问题的切入口,在图形等直观的世界里更加如此。在数学中运用几何学思维,也便于形象地理解升维。

下面对"升维"的形象及其优点进行更普遍、更具体的说明。点→线→面→立体的变化,就是升维的形象之一(图3-14)。

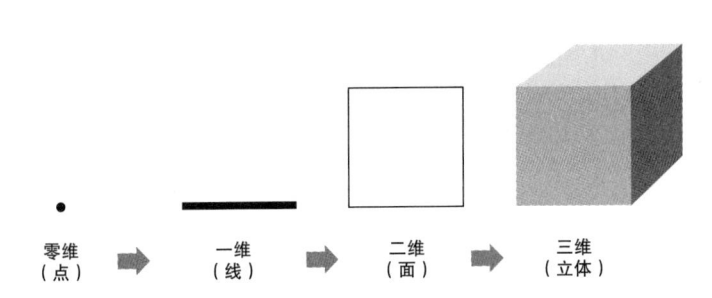

图3-14 零、一、二、三维的形象

零维(点) ➡ 一维(线) ➡ 二维(面) ➡ 三维(立体)

下面说明升维与创意形成之间的关系。

另一个"蚂蚁和蝈蝈"的故事

这次通过"蚂蚁和蝈蝈"的对比,举例说明将二维升至三维以"解决难以解决的问题"的其他"出路"。

首先是和前面一样的"预热问题"。

【预热问题】去便利店买东西,前方道路却因施工而无法通行,该怎么办?

我们在日常生活中经常遇到这样的事。此时只要先走旁边的岔路，绕过被堵住的部分，然后再回到原路上就行了（图3-15）。

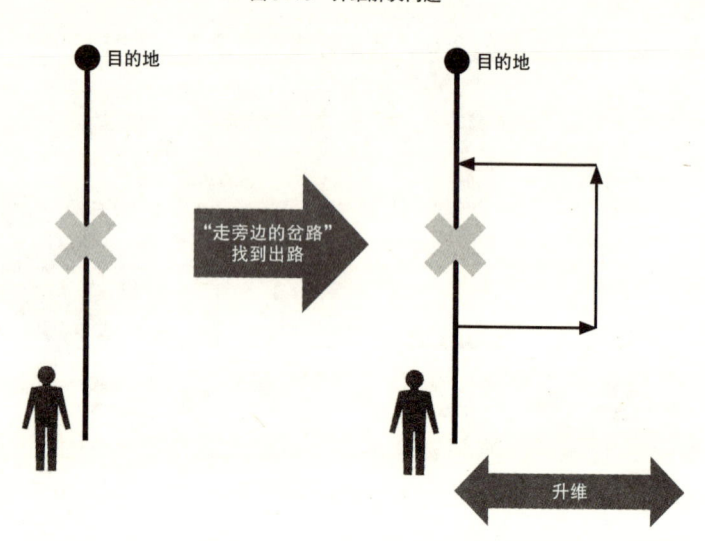

图3-15 升维解决问题

这就是只在一条直线上思考的"一维"思维与在"纵横"这一平面上思考的"二维"思维的区别。如果只在一条直线上思考，就没有手段回避途中的障碍，而若能想到走旁边的岔路这一选项，就能发现解决问题的切入口了。

下面来看"从二维到三维"的例子。

【问题】假设有一只蚂蚁被一个较粗的橡皮圈围在了里面（图3-16）。

图3-16 蚂蚁吃不到墙外的食物

橡皮圈的宽度比蚂蚁的身高大好几倍，所以在蚂蚁看来就是一道"墙"。墙外放着蚂蚁爱吃的食物，蚂蚁只能通过气味知道"墙的外侧"有很吸引自己的东西。

那么，这只蚂蚁能吃到食物吗？

至少不使用"飞行工具"，蚂蚁是到不了墙外的，因为其行动范围基本上只是平面上的，也就是仅限于"二维"的世界。

那么，如果换成蝈蝈又会如何呢？蝈蝈能够"跳跃"，相当于拥有了"飞行工具"，所以能轻松越过壁障（图3-17）。

这是因为，蝈蝈能在"高度"这另一个维度上进行移动。也就是说，通过追加一个维度，行动的自由度便得到提升，在二维中做不到的事也有了可能。这里所展示的蝈蝈"跳过壁障"的形象，与此前反复表述过的"开放体系"的思维是完全相同的。其手段之一便是本节将要阐述的"新维度的活用"。

由此可以说，"升维"这一表述本身，是此前阐述的"抽象化后思考""用'轴'思考""通过Why进行思考"等多个思考

图 3-17 蝈蝈通过升维吃到食物

"二维"的蚂蚁

通过"跳跃"越过壁障

追加高度方向上的维度

"三维"的蝈蝈

法的"上位概念"（这些思考法会在 PART Ⅳ 作详细说明）。

●是使固定变量达成最优化，还是创造新的变量

通过"蚂蚁和蝈蝈的故事"，我们还能得到其他收获。

如前文所述，"维度"指的就是"思维的自由度"，也可称为用以思考的"变量"。下面我们通过思考新的商品或服务的开发，对"思考固定变量（的种类）"的蚂蚁和"思考增减变量"的蝈蝈试做比较（图 3-18）。

这里所说的"变量"，可以是产品各方面的规格和性能（的种类）。例如汽车，就有引擎排气量、车身重量、外形尺寸、耗

图3-18 蚂蚁和蝈蝈在商品开发上的思维方式的差异

通过"变量的优劣"决胜的蚂蚁

对比项目	己公司新商品	竞争公司A	竞争公司B	竞争公司C
○○速度	50	10	30	40
○○容量	25	30	35	30
○○时间	5.1	3.4	4.2	4.5
○○温度	20	14	20	18

↓ 重新定义变量

通过"重新定义变量"决胜的蝈蝈

对比项目	己公司新商品	竞争公司A	竞争公司B	竞争公司C
××功能	有	无	无	无
××功能	有	无	无	无
××功能	有	无	无	无
××功能	无	有	有	有

油率,等等。

固定变量进行思考的蚂蚁在开发时,会着眼于在这些性能的数值上超过其他公司,因此首先会(在脑中)列举现有变量,将其与竞争公司进行"对比",然后思考如何在数值上超过对手。

与之相对,蝈蝈会选择完全不同的途径,不会用"数字的对比"决胜。"能用数字进行对比"意味着是在相同变量(○○速度等)的优劣上与对手较量。蝈蝈则不然,它会思考哪些"变量本身"是在对比表中的对手栏里填不上的。

这里的关键,不在于增减类似的既有功能,而在于增减根本性的功能,有意剔除其他公司产品"应有"的功能。在这一点上，蝈蝈还拥有"减少变量"这一选择（以前的"随身听"就是这种的典型模式，近年来面向新兴国家的重视成本的产品及服务的开发，也常使用这一手法）。

归根结底，蝈蝈想要做的，是使变量与其他公司的产品脱离开来，处于"制作对比表毫无意义"或"对比表不会限制原型"的状态。例如，当平板电脑诞生时，制作平板电脑与笔记本电脑的"对比表"又有多大意义呢？总而言之，思考如何在同一个赛台上"战而胜之"的是蚂蚁，思考如何彻底改变赛台以便"不战而胜"的是蝈蝈。

这些思路的差异如图3-19所示。

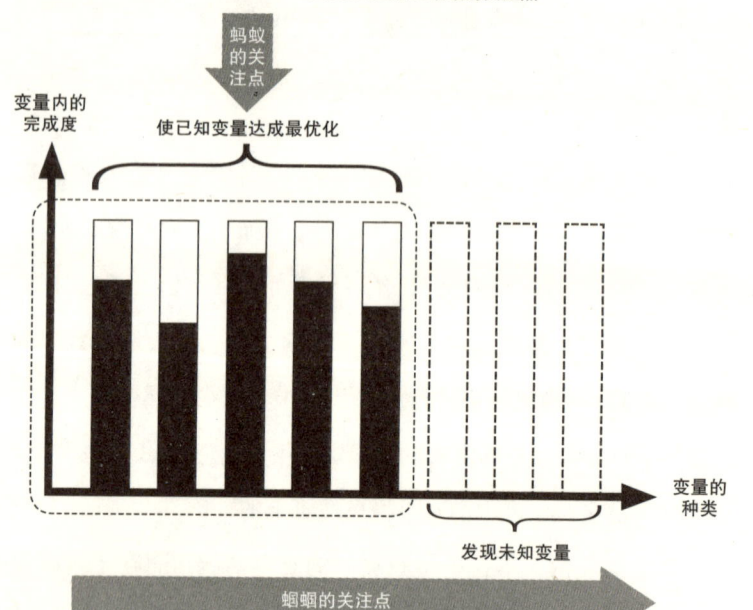

图3-19 蚂蚁的关注点和蝈蝈的关注点

"使固定变量达成最优化"是蚂蚁最关心的事。蚂蚁的关注点在于变量的"值",也就是在变量固定的情况下,如何使其"达到满分"。

相反,蝈蝈对于已经确定的变量毫无兴趣。既然"问题"已被明确定义,那后面的事交给别人去做即可,自己要去寻找下一个未知的变量。

开发新商品时,与其他公司的基准做比较、分析是必要的,但其定位对于蚂蚁和蝈蝈来说则大相径庭。蚂蚁的理由是"为了跟其他公司对比变量大小",蝈蝈的理由则是"为了分析其他公司尚未具备的新功能"。

更进一步讲,同样是调查其他公司的事例,蚂蚁的目的是"为了模仿",蝈蝈的目的则是"为了不模仿"。

以创新的不同水准而言,蚂蚁的创新是连续的、渐进的,蝈蝈的创新则是不连续的、有破坏性的。

●各单位所体现的经营管理的维度的不同

下面从"变量的数量",即经营及决策的自由度的角度来分析经营管理的组织单位。例如,思考经营管理时的单位有成本中心、利润中心、投资中心等概念。

成本中心以人事、总务、会计或信息系统部门等职员部门为代表,数值上的管理指标只有"成本"一项(因为这些职员部门不会对营业额做出直接贡献)。也就是说,成本中心的管理变量是"1"。

利润中心的管理指标是"利润"。利润由"营业额－成本"计算得出，所以利润中心的变量是"2"，自由度升了一级。提高利润有"提高营业额"和"降低成本"两个选项，仅仅如此，经营施策的自由度就能有所提升。

进而给这些变量加上"时间"（长期的营业额和成本），给上述的P/L指标加上"投资"这一与B/S相关的指标，所形成的管理单位就是"投资中心"。如此一来，就能进一步获得思考长期投资和回报的自由度。

这些单位通过增加变量，使"自由度"得以提升。其模式如图3-20所示。

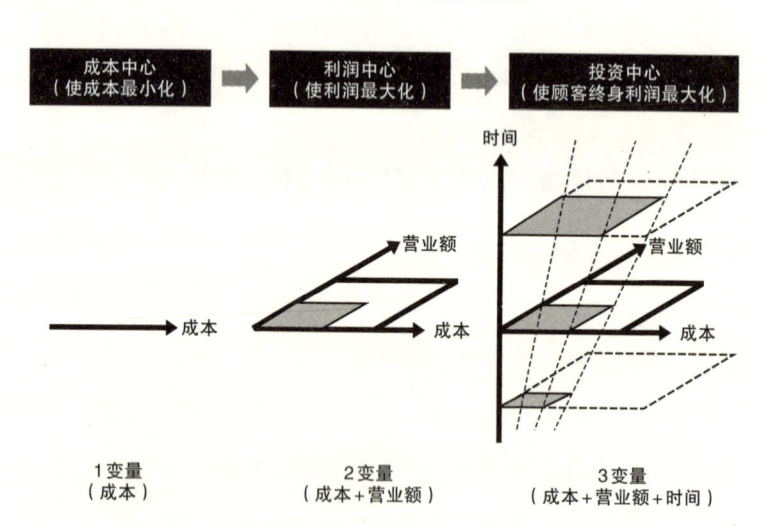

图3-20 "维度不同"的商业适用例

```
成本中心              利润中心              投资中心
（使成本最小化）  →   （使利润最大化）  →   （使顾客终身利润最大化）
```

1变量
（成本）

2变量
（成本+营业额）

3变量
（成本+营业额+时间）

另一个要点在于，其中各变量的"灵活度"（不确定性的高低）关系是成本＜营业额＜时间（长期投资和回报）。在相同变量的前提下不难想象，在变量少的赛台上较量更容易"获胜"。

例如，假设为了扩大营业额而增加经费的利润中心的人，与只关注削减经费的成本中心的人同台辩论。利润中心的理论是"就算为了提高营业额而增加成本，也能提高利润"，但这一理论无法明确回答成本中心的质问——"增加成本能确保提升营业额吗？"因为"成本增加"是基本确定会发生的事象，却无法在同样的准确度上确定"营业额也会提升"。所以在这样的辩论中，"变量多"的一方会处于不利的局面。

像这样，当"固定维度"和"可变维度"同台（变量少的）较量时，大多是固定维度的一方会获胜。关于这一结构，在后文谈到蚂蚁和蝈蝈的对立结构时再进行详细说明。

●低维比高维容易理解

前面列举了通过"升维"来拓宽视野和视角的例子，但反过来，上位概念的操作通常比下位概念的操作更难。我们学习数学时，也是先从一维的世界开始慢慢增加变量，提升维度。这是达成理解的正确途径。因此有些时候，有意地降维思考更易于理解。

例如，分析立体图形的时候，想象其"截面"等投影在平面上的图形更容易理解。建筑图纸就是具体的例子。建筑物自然是"三维"的，但在设计、施工等涉及细节的场合，研究二维的平面图才不至于出现误解。

因升维而复杂化的问题，通过降维更易于具体理解。以商业场合而言，前面提到的"○○中心"的思维方式便是如此。肩负"利润责任"的利润中心需要控制"营业额"和"成本"这两个变量，但在按部门进行任务细分的时候，就会分成肩负"营业额责任"的部门和肩负"成本责任"的部门进行管理。该手法便相当于降维。

再比如，上司管理、培养下属时的"工作的自由度"，就相当于"变量的数量"或"维度"。例如，起初让下属在低自由度的状态下记住该如何工作，随着技能提升，再给下属以自由度，也就是裁量权，允许下属挑战难度高的工作。

● "固定的蚂蚁"与"可变的蝈蝈"的对立结构

"变量固定"的蚂蚁，一旦解决问题的进展不顺，就会把责任归咎于他人或环境。也就是说，蚂蚁容易怀有责怪他人的想法和受害者意识。这是因为，蚂蚁作为解决在固定变量中提出的问题的专家，会为之竭尽全力，而一旦进展不顺，就会认为"制定问题（变量的定义）的人有错"。蚂蚁从来没有增减变量本身、"改变问题本身"的选项，所以既然自己已经竭尽全力，那么错误自然在于"制定问题的一方"。

与之相反，蝈蝈若是认为问题本身不对，就会放弃解决问题，开始自己定义别的问题。在思维上拥有如此高自由度的蝈蝈，认为一切问题都能找到办法解决，所以总是将矛头对准自己的创意，在这上面狠下工夫。

"若有不满就应提出替代方案"也是蝈蝈的逻辑。在蚂蚁看来，"不满"是在自己已尽全力对自己可控范围内的变量进行最优化后发生的，自己已经再没什么可做的了，所以替代方案"就算想拿出来也拿不出来"。相反，拥有无数可选变量的蝈蝈则会认为，提不出替代方案的原因无他，只是因为自己不够努力。这里也会发生因思路不同而导致的意见对立。

而且，蚂蚁对于"提高自由度"是格外厌恶的。因为在它看来，变量增加得越多，问题就变得越复杂，解决起来也就越麻烦。

指标确定就会干劲十足的蚂蚁和与之相反的蝈蝈

一旦指标确定，蚂蚁就会致全力于该变量的最优化。相反，如果指标不确定，蚂蚁就会因无从着手而不知所措。

公司的管理也是如此。公司越成熟，越趋向"下游"，使用指标的管理就越有效。赋予一切以"定量的""同平台的""能够对比的"标准，能使蚂蚁的能力得到最大限度的发挥。人事评价同样如此。在蚂蚁看来，"同平台的""基于共同标准的"评价才是公平的。

由此不难看出，"渴望加薪升职"是典型的蚂蚁的动力。

蝈蝈则与之相反，一旦确定了这样的"共同指标"，顿时就会失去动力。蝈蝈不喜欢和别人同台较量，因为"制定别的指标，自己独自获胜"才是蝈蝈的工作哲学。

换言之，蚂蚁是志在成为"第一"，蝈蝈是志在成为"唯一"。

希望他人决定的蚂蚁与希望自己决定的蝈蝈

一味讨厌因"自由度提高"而导致工作范围扩大的蚂蚁，不会自行寻找新的工作，而是会让他人决定制约条件，自己在该条件下尽力做到最好。这是因为，"志在解决问题"的蚂蚁本能地明白，如果胡乱增加变量，会令问题难度大增。

与之相反，言必及本质并以重新定义问题的"拆台"为信条的蝈蝈，则认为决定制约条件（画分界线）是自己该干的事，所以一旦被他人决定了制约条件，就会一下子失去动力。

也就是说，蚂蚁的组织管理需要的是"规章""规矩"和"模板"，而蝈蝈的管理一旦模板化，则会完全起反效果，因为剥夺自由度是维持蝈蝈工作动力的最大忌讳。

蝈蝈不惜"为轻松而努力"

同样地，当直面无法跨越的困境，即"高墙"时，蚂蚁会不断尽最大限度的努力，设法在墙上挖开"一个洞"，直到终于挖开一个小洞，再一点点使洞扩大，最终脱困（以前面的"道路施工"的例子来说，就是想方设法通过"现有的道路"）。

与之相反，蝈蝈所考虑的完全不是从正面突破，而是"如何回避这堵墙"。岔开的出路也好，简单的办法也好，总之会彻底思考能顺利绕开墙壁的方法。在蚂蚁看来，这样做只是"逃避现实"，但蝈蝈式的竭尽全力，就是要通过彻底思考"别的维度"来找出另一条路。请回忆前文提到的拼图问题。蝈蝈丝毫不会考虑"正面突破"，而是会思考其他办法。

　　也就是说，蚂蚁和蝈蝈的施力点存在根本上的差异。蚂蚁是在已确定的赛台上尽力做到最好，蝈蝈则是全力思考如何找到别的赛台，以便能在既有的赛台上"轻松享乐"。然而，所谓"轻松享乐"不过是蚂蚁的看法，蝈蝈可是会"为了轻松享乐而彻夜思考"的。

3.5 从"奇点"出发的问题发现法

至此,我们针对擅长发现问题的蝈蝈和擅长解决问题的蚂蚁的思路、价值观及行为的结构做出了分析。

那么,作为解决问题之上游的"发现问题",应该如何进行呢? 答案是,应该着眼于"奇点"。这里所说的奇点,是指"反常识的新事象"。两种思路对于这类事象的反应各不相同,由此即可对未来做出两种不同预测,从而得到新的创意。

"以两种思路看待奇点"是发现问题的重要视角。蚂蚁和蝈蝈,无论哪一方的视角都会产生问题,而要想认识到问题的存在,就不能用"是蚂蚁还是蝈蝈"这样的二选一论,而是要像上一节所讲的那样,从上位进行观察,认识到"存在两个视角"(实际上,这样的思维本身即可称为蝈蝈的思维)。正如PART I所述,问题多源自"事实和解释的乖离"。下面我们就来思考发现问题的具体方法。

● "奇点"是如何产生、进化的

这里所说的"奇点",是指无法以常识测度的、与平均事象严重脱节的所谓"不正常的事象""古怪的行为"或其主体,即"怪人"(数学中的"奇点"别有所指,这里仅将其定义为一般意义上的词语)。尤其是随着时代和技术的变化,"新出现的特殊事象"成了"奇点"的主要来源。

在"枪打出头鸟"的日本社会,新出现的特殊事象或怪人多被大众以否定的态度予以排除。然而不管人类作何反应,当世间发生变化时,这样的"奇点"就会出现并成长,很多时候甚至会迅速发展成为"主流"。

也就是说,"奇点"其实装满了未来创新的种子。这种关系到未来的事象,在英语里被称为Weak Signal,是暗示未来的"小征兆"。如何尽早着眼于此,使之变为机会,便是关键所在。

为此,我们有必要充分理解奇点的"进化过程"。奇点是如何产生、进化的? 其过程的一般化表现如图3-21所示。横轴标示了随时间变化的奇点的定位,纵轴按抽象度从低到高的顺序分类为个别事象→"名字"→框架→已经成为体系的理论。

以技术或顾客需求等环境变化为背景,奇点起初是作为罕见的特殊事象,即所谓的"突然变异"开始出现的,然后数量慢慢增多,在世间引发热议的同时有了"名字",比如日本的"草食系男子""剩女"等。此外,例如"游牧工作者"等"新人类"

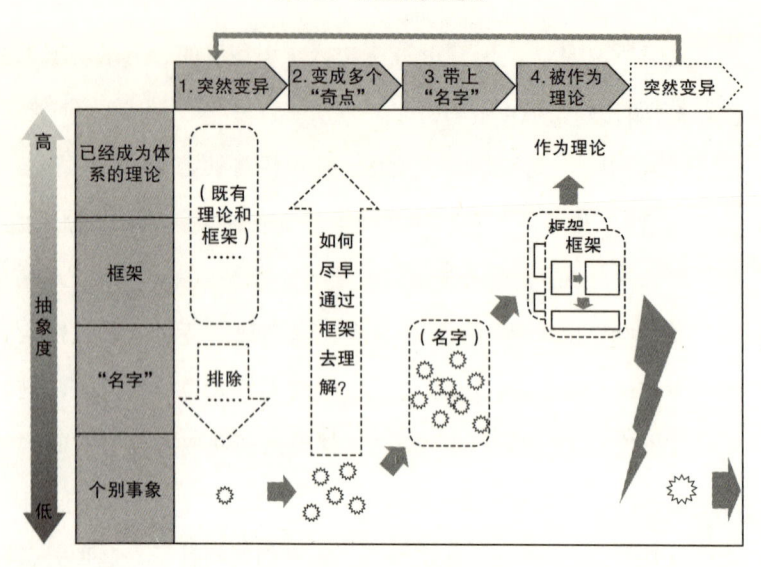

图 3-21 奇点的进化过程

1. 突然变异 → 2. 变成多个"奇点" → 3. 带上"名字" → 4. 被作为理论 → 突然变异

高 ← 抽象度 → 低

- 已经成为体系的理论（既有理论和框架）……
- 框架
- "名字"
- 个别事象

如何尽早通过框架去理解？

排除

（名字）

作为理论

框架

的表达方式，也完成了同样的进化过程。

比如互联网或杂志的报道素材，最初只不过是一小部分特殊事象，直到有了名字，才渐渐作为常见的存在而被人们认识到。

通常，这些事象在出现当时尚未得到世人的肯定，并往往成为揶揄的对象。那些遭到年长者的白眼，受到"现在的年轻人可真是……"之类评价的年轻一代的言行，可以说就处于这一阶段。

等到这些事象继续进化，被"一流企业或名人"提及，或是成为热门商品，得到世人的广泛认知，作为先进事例被介绍的时候，就会得到大众的肯定。然后，随着这些事象成为书籍的主题，或是得到体系化的阐释并且其中的一部分被整理成理论，它们就会"横向展开"，扩展至同样用途的咨询对象。

然后再继续进化，先进事例不断积累，经过学者的实证研究和理论化，成为"具备重现性的体系的理论"。不过到了这个阶段，最初的"奇点"已经变为不折不扣的"主流"，创意本身因失去新意而发生衰退。

而且在这一时期，由于下个"突然变异"的发生，又会有新的奇点开始出现，先前的常识遭到怀疑，如此循环往复。

这里应该注意的一个要点是，并非所有最初的奇点都会发展至下一阶段。能够发展至下一阶段并"成为主流"的奇点，只占全体的一小部分。

●蚂蚁和蝈蝈对待奇点的不同反应

这里的目的是通过奇点充实创意，以实现问题的发现和定义，但蚂蚁型和蝈蝈型对待奇点的反应是完全不同的。

一言以蔽之，"蚂蚁型"的反应是对新变化持否定看法，试图对其进行"规制""管理""禁止"。世间大部分的人都是这样的反应。

"蝈蝈型"的反应则是对新动向采取中立或肯定的立场，觉得"以后这股动向也许会成为主流"。正如前文已经分析过的，二者的根本区别在于"通过既有的固定解释去看待事实"的蚂蚁的思路与"按照原样看待事实以思考新解释"的蝈蝈的思路的区别。这里也受到"解释＞事实"和"事实＞解释"的不同的影响。

这些差异主要可看作是权力阶层和革新者的视角的差异，即遵循旧有结构提升实绩的"有产者"，和向其发起挑战、试图开辟新世界的"无产者"这两种视角的差异。二者对待"奇点"的不同反应的对比如图3-22所示。

图3-22 对待"奇点"的不同反应

权力阶层（蚂蚁的思维）	革新者（蝈蝈的思维）
否定、规制、管理	肯定、活用、扩大
区分常识与非常识（画线）	无常识与非常识之分（不画线）
防守	进攻
提供者视角	用户视角
短期视角	长期视角
基于决定论的应对	基于概率论的应对
改变对方	改变己方
遵循现有结构	改变现有结构
赛台不变	改变赛台

正如前文详述过的，蚂蚁型的思维是"志在存量的、封闭的、内向的思维"，蝈蝈型的思维则是"志在流量的、开放的、外向的思维"。再次确认一下，这些思维差异的起因在于图3-23所示的思路差异。

从形象上加以表述，蚂蚁是"墙内和墙本身处在同一水平线上的视角"，蝈蝈是"从墙的上方俯瞰全局的视角"。这里所

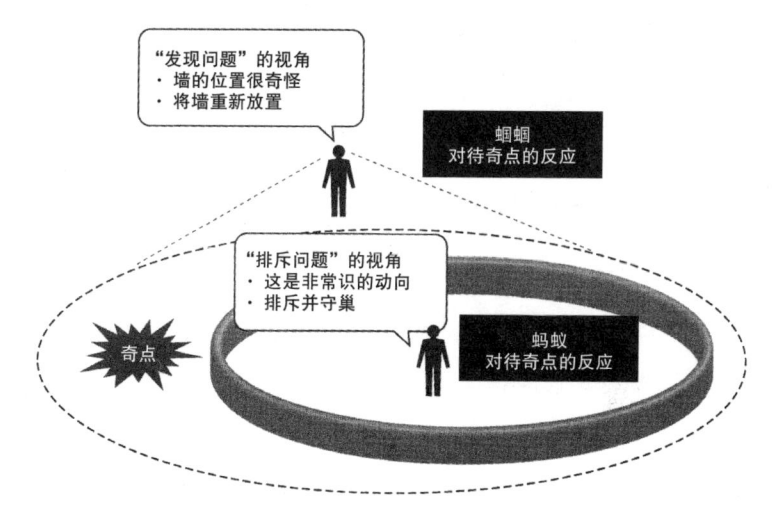

图3-23 蚂蚁与蝈蝈的思路差异

"发现问题"的视角
· 墙的位置很奇怪
· 将墙重新放置

蝈蝈
对待奇点的反应

"排斥问题"的视角
· 这是非常识的动向
· 排斥并守巢

奇点

蚂蚁
对待奇点的反应

说的"墙",是已构筑的"业界""组织",偶尔可以是"规则",总之是权力阶层需要守护的对象。

● 权力阶层 vs. 革新者

按照蚂蚁的思路,首先会用习以为常的价值观,例如"常识"和"非常识"等来判断世间事象的善恶。正因为蚂蚁有着明确区分墙内墙外的思维,所以会采取"守势",把奇点视为"墙外"异物而彻底排除。相对地,按照蝈蝈的思路,只有改变现有的(业界或产品的)墙壁本身,才能应对今后存在增加可能的奇点,所以蝈蝈会从"有必要改变墙的位置或方向"这一认识问题的角度入手。无论如何,蝈蝈都不会否定正对面的奇点,而是会秉持"有需求即合理"的视角。

对于那些已在现有世界确立地位的权力阶层而言，根本的大前提是"守护自己的立场"，所以必然不得不从"提供者的视角"出发，对于新需求的出现也只能采取"不同于既有购买模式的顾客是错误的"的立场。与之相对，革新者认为"既然需求有变，就有必要改变结构本身（墙的存在方式）"，所以会从纯粹的用户视角出发，"破坏墙壁"或"重建新墙"。换言之，二者之间就是"试图改变对方"与"主动改变自己"的区别。

权力阶层即便能在短期内将奇点压制为"特殊需求"，如果顾客需求货真价实，从提供者的立场就很难阻止其增加，所以从长期来看，抢占先机的革新者很可能更具优势。

例如近年来，越来越多的消费者倾向于去实体店确认实物后，上网查找售价最便宜的网店进行网购。针对这一"展厅现象（Showrooming）"问题，也存在两种完全不同的见解。

一种是实体店方的看法，认为顾客这样做，自己便根本卖不出货。他们所想到的对策，是根据如何减少这样的顾客、让更多的顾客在实体店购物的思维，即尝试通过诉求于只有实体店才能提供的附加价值（交钱就能立刻拿回家，或是能享受到详细的商品介绍……），减少只看不买的顾客。也就是说，他们会从最大限度地活用"现有"店铺或员工的思路入手。

而另一种思路，则是从用户只看不买的趋势中嗅出"哪怕便宜一分钱也好""但想看到实物"等"无法在一个地方同时得到满足"的需求，然后设法构建忠实满足顾客需求的新结构。

例如，在互联网上利用AR(扩增实境)、3D技术等手段，思考"能否在IT世界里确认实物"，或是"在实体店里准备'展厅'，然后进行厂家直销的模式能否成立"。

然而正如前文所述，并非所有的奇点都会增多并成为主流，能够成长为主流的奇点只是其中的一小部分（但这种情况下的冲击力会非常大）。

也就是说，权力阶层会着力应对基本确定会发生的与既有业界的冲突，而革新者会把赌注押在那些尽管发生的可能性不大，可一旦"突变"就会具备巨大潜力的所谓"高风险高回报"的事象上。就思路而言，权力阶层是基于决定论的思维方式（一切都要获胜），革新者则是基于概率论的思维方式（夹杂着一定程度的失败）。这就是二者的区别。

意识到这两种思维方式后，在观察一个事象的时候，若能从两种视角加以思考，创意就会倍增。这就好比在脑中想象自己扮演两个角色。

前面说过，新创意大多来自外向的"开放体系"，但我们可以像"普通人会这样想（内向），那我反而要考虑到另一面（外向）"一样，从两种完全不同的视角去观察世界，这样就能拓宽思维（图3-24）。

针对新动向，短期内会发生来自权力阶层的"禁止""管理"等变化，而从长期看，一旦新动向成为主流，新的结构或商品就会流行起来。

图 3-24 从两种视角看待奇点

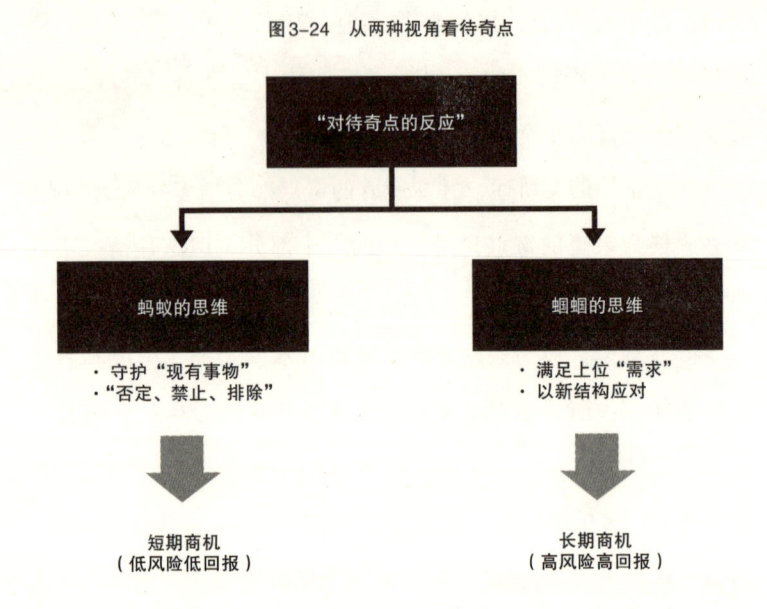

```
              "对待奇点的反应"
              ┌──────────┴──────────┐
          蚂蚁的思维              蝈蝈的思维
       ·守护"现有事物"         ·满足上位"需求"
       ·"否定、禁止、排除"     ·以新结构应对
              ↓                      ↓
          短期商机                长期商机
       (低风险低回报)          (高风险高回报)
```

革新者会尽早着眼于奇点，以肯定的态度加以理解，想象其成为主流后的样子，站在长期的视角，通过投资或施策抢得先手。与之相对，权力阶层见到这样的动向，会先从"那样的东西不是主流"这样的否定态度入手。先是否定、规制、禁止，然后花时间慎重地判断，直到真的发现开花结果时，才会采取对策（图 3-25）。

这里应该关注的另一个要点是，按照"内向的封闭思维"，当奇点在某个时刻变成主流的一瞬间，人们的反应会从否定骤变为肯定。至于转变的时机，可以是"被业界的领先企业采用"或"开始被名人使用"，等等。

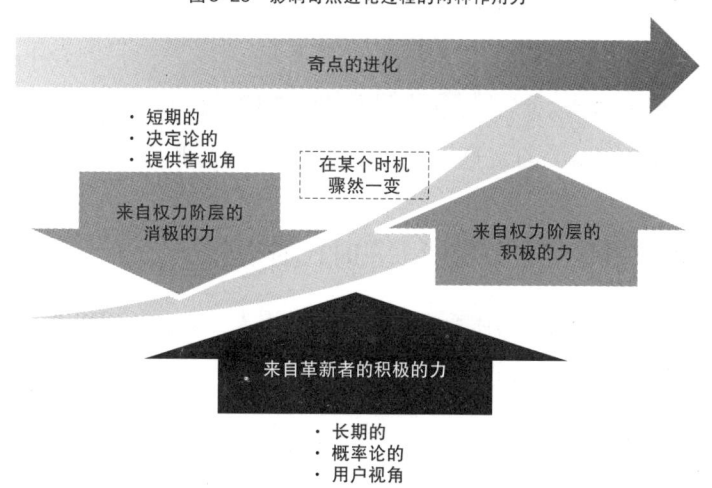

图 3-25　影响奇点进化过程的两种作用力

- 短期的
- 决定论的
- 提供者视角

奇点的进化

在某个时机骤然一变

来自权力阶层的消极的力

来自权力阶层的积极的力

来自革新者的积极的力

- 长期的
- 概率论的
- 用户视角

●画线？　不画线？

按照"权力阶层"的蚂蚁型思维，其态度会以某个时刻为界发生骤变。为了究其原因，我们再对两种思路差异的另一个侧面进行分析。图 3-23 所示的思路差异，正如本书反复所讲，也可说是对观察对象"画线"还是"不画线"的差异。

蝈蝈作为拥有"外向的开放思路"的革新者，对奇点不抱偏见，以公平的视角看待，而且不会通过画线将其与既有的"常识"区分开来，而是将其理解为新动向的萌芽。与之相对，蚂蚁作为拥有"内向的封闭思路"的权力阶层，对待新事象总是判断其属于自己所持的"常识"的内侧还是外侧，首先着手进行排除、规制、管理。

也就是说，拘泥于抽象的既有规则、迟迟不能发现奇点，可以说是"内向的封闭思维"的特征。由于权力阶层的思路受缚于既有规则，因此以新视角看待奇点的时机总是比革新者慢上几步，抛弃自身成见的时机也会落后于革新者。

●奇点进化例——智能手机时代的信息安全

"以内向的封闭体系进行思考的常识人"会"试图将奇点拽入常识的范畴"。相对地，革新者会转换思维，通过"考虑在奇点外侧重画常识之线"，想象奇点进入常识范围内的样子。

再举个例子，对于智能手机时代的信息安全的反应也同样分为两种。尽管这样的举措在近年来已经变少，在智能手机普及时期，许多公司因过于惧怕信息泄露和安全对策，采取了"禁止"使用个人智能手机的方针。这是消极理解并试图禁止奇点——也就是将当时正开始普及的私用智能手机带去职场的"内向的封闭体系"的思维。与之相对，另一种想法则认为，智能手机开始普及是理所当然的事，所以会抢先去做以之为前提的工作。

后来的情况众所周知，该奇点有了"BYOD（Bring Your Own Device）"这个"名字"，作为一种概念和框架而被人们认知。可以说，这个例子完美体现了前面所说的奇点的进化过程。实际上在那之后，该奇点发展成了一种"市场"，有各种各样的公司为之提供商品和服务。

●用来思考"奇点"的框架和练习题

至此,我们通过以两种思路观察作为一个事象的奇点,分析了"站在提供者或规制者的立场上短期思考"与"站在用户的立场上长期思考"之间的区别。如果观察我们身边的"奇点",通过启动两种思路,就能对短期和长期的未来做出预测。

一般来说,人们出于过去的经验或现在的工作内容,会形成有失偏颇的事物观(多是"内向的封闭体系"的思维)。因此,对完全相反的两种视角有所意识,就有可能通过"两倍"于此前的视角来思考创意。同时,例如当今的业界领袖(内向的封闭思维类型),就能对身为挑战者的革新者的想法做出预测,从而制定对策。

下面列举现阶段被否定理解的"新动向=奇点"。

希望大家能够尝试从"两种视角"出发,思考今后的"对策",把握短期和长期的商机。

- 在工作中使用SNS的员工正在增多
- 边走路边玩智能手机的人正在增多

如果发现身边有这样的事象,或是在网络、报纸上看见这样的报道,不妨按照图3-26的框架进行思考,肯定能发现新的视角或创意。关键就是要时刻从"两种视角"进行思考。

图 3-26 从两种视角思考奇点的框架

蚂蚁的思维	蝈蝈的思维
如何应对？	如何应对？
商机是？	商机是？

●奇点发现法——着眼于"禁止""其他"

那么，怎样才能在实际的日常生活中发现奇点呢？

着眼于"禁止"，就是奇点发现法的一个例子。如前文所述，新需求往往会被既有结构予以否定，表现为"禁止"的形式。也就是说，某种新需求要以前所未有的方法开始应对，而旧有结构无法处理，所以会被禁止（智能手机的例子即类似于此）。

例如，我们能在有些餐厅里见到"禁止学习"的标示。

从"禁止"一词中一定能感觉到"两种需求"，一种是"希望禁止方"的需求，另一种是"被禁止方"的需求。

首先，"希望禁止方"的短期需求会成为创造相应规制、管理工具或结构的商机。此外，从作为"另一种视角"的"容许者"的角度来说，这样的状况必然引发"正在增多的需求未被满足"

这一信号。就算禁止，只要存在需求，就会以其他形式显现出来，倒不如抢得先手，自然就能扩大商机。

另一个着眼点的例子，是各种分类中的"其他"这一要素。某种分类完成时，未进入既有分类的事项将被统一归入"其他"。换言之，就是"无法分类的事物"。所谓分类，指的是根据现今已知的事物观进行思考，而奇点的候补就隐藏在那些无法分类，即不得不归入"其他"分类的事物当中。

"其他"通常可称为无法妥善分类的累赘的集合，若是成为无法说明的奇点，就可以认为其中沉睡着充实创意的绝佳素材。例如在填写调查问卷时，如果填入"其他"分类中的事项增多，很多时候就是在理解世间的新动向。

填写职业时，许多新型职业无法分类，只能写在"其他"一栏里。这样的事项就能成为奇点的候补。再比如顾客问卷调查的结果等，也无法记入既有的分类，只能归入"其他"。被归入"其他"的意见，才是不受限于旧有框架的意见，其中或许就隐藏着作为预测未来的"奇点"的提示。

如上阐述了通过关注奇点来发现新问题，同时从两种视角、以短期和长期两方面来预测未来，并将其用作革新契机的手法。通过自主意识到用以发现问题的"解释的无知"，就能定义新问题。这里的发现问题的触发器也是以"无知、未知"作为关键词的。

3.6 蚂蚁和蝈蝈能否共存共荣?

前面讲述的"发现问题型人才"(蝈蝈)和"解决问题型人才"(蚂蚁),怎样才能共存并同时提高双方的能力呢? 其实在很多组织里,"两种人"都是互相无法理解地存在着的,从而形成了对立结构。

与"先例主义"对抗的革新者、难以应付"怪人"管理的管理职位、总是需要掌握"过去的数据""其他公司的事例"却又束手无策的新事业负责人、反对向"无法预测是否成功的未知研究和调查"付出高额投资的会计负责人……这些无一不是本书中所说的源自"蚂蚁和蝈蝈"的思路根本性差异的对立结构。

即使在公司组织的外部,这样的结构也以各种形式被不断重复着,堪称是永远的课题。在本节中,我们将探寻对策,以使思路截然相反的"两种人"能在最大限度上发挥彼此的能力。

不论古今中外,"蚂蚁型"的人和"蝈蝈型"的人一直以各种形式共存至今。后文将会提到,不仅限于商界,在自然科学界和政界,二者也时而妥善地分担职责,时而(绝大多数场合)

彼此对立地推动世界。

下面，我们将讨论蚂蚁和蝈蝈是"分担职责"还是"争斗"或"拖后腿"，讨论二者的对立结构，讨论双方是如何看待对方的，讨论怎样做才能人尽其才地共存共荣。

●各领域的蚂蚁和蝈蝈

前文已在各领域内对比了"解决问题型"的蚂蚁型人才与"发现问题型"的蝈蝈型人才。

再来看数学世界中的例子。生于意大利的美国数学家、哲学家吉安·卡洛·罗塔在其著作《浑然一体的思想》（*Indiscrete Thoughts*）中，表述了数学家中存在"解答问题的人和构建理论的人"：

> 数学家分两种：解答问题的人和构建理论的人。绝大多数数学家同时具备这两方面特性，但无论在哪一种里，都能轻易见到极端的例子。（略）

这里所说的"解答问题的人"相当于"解决问题型的蚂蚁"，"构建理论的人"相当于"发现问题型(＝定义问题本身)的蝈蝈"。

通过下面的记述也能看出，这两种人的特征与本书所说的蚂蚁和蝈蝈的差异几乎完全一致。

> 解答问题的人在本质上是保守的。对于他们而言，数

学是由偶然碰在一起的一系列难题，即若干问题纠缠绊倒的障碍赛组成的。他们认为表述数学问题所需要的数学概念，默认是永久不变的。

（中略）解答问题的人对于普遍化，尤其是可能使自己正在研究的问题的解不证自明的普遍化会表现出愤怒情绪。

保守，加上对给出的条件毫不怀疑，这些人对普遍化、抽象化的反应也跟蚂蚁类似。

对于构建理论的人而言，数学中的至高成果是若干不可解的现象突然被光照亮般的理论。数学的成功不在于解答问题，而在于使问题不证自明。解开古老的问题不足为喜，当发现古老的问题不值一提的新理论时，就会迎来光荣的瞬间。

构建理论的人在本质上是革命的。比起未发现的数学概念，自过去传承下来的数学概念在他们眼中只是普通概念的不完全的具体例子罢了。

该记述与"革命的"蝈蝈的思路完全一致。
此外，如下的"往往不被理解"也是蝈蝈的典型特征。

构建理论的人，在数学家的世界里往往得不到认可。

此外，在日本的历史上还能见到其他例子。司马辽太郎认为幕末明治维新的志士们也有"创造才能"和"处理才能"之别。他在《岁月》一书中做了如下描写。

首先，作为"创造型"（=蝈蝈）例举的是江藤新平和大久保利通。

> 在所谓的维新功臣之中，仅此二人生来便具备不同于他人的别样才能。或许该称作创造才能。此处的创造，是指创建国家的基本体制。

对比于"创造才能"，司马辽太郎所举的"处理才能"（=蚂蚁）的例子是西乡隆盛和大隈重信。他对这二人作了如下描写：

> 人的才能，可从大体上分为创造才能与处理才能两类。西乡拥有巨大的处理才能，他以哲学和人格作为处理的原理。大隈也属于该系列，但其所用的原理并非哲学和人格，而是事务才能。（中略）
>
> 总之，他们这些处理家在如何建立日本的国家体制这一点上，几乎没有丝毫实际上的抱负，即便对此说过豪言壮语，也没有为此挺身而出的关心和热情。
>
> 唯独大久保和江藤拥有相应的才能，以及对于创造的

关心和热情。只有这二人把设计体制当作自己的专业，胸藏自信，并且自然而然地就任该职。

商界同样如此，常会见到解决问题型人才与发现问题型人才的对比。其结构就是作为创业期梦想家的蝈蝈与在实务上给予其支持的蚂蚁。此外，在传统大企业或社会中常见的结构，是由志在成为革新者的蝈蝈和作为与之相对的"抵抗势力"的蚂蚁所组成。

●在"二维"中，蚂蚁常占据压倒性的优势

"发现问题型"的蝈蝈和"解决问题型"的蚂蚁，二者的思路和行为模式是正相反的。那么，如果蚂蚁和蝈蝈"同居"，会发生什么？ 实际上，如果"蚂蚁"和"蝈蝈""同台"竞争，几乎都是蚂蚁型的人会获胜。也就是说，当组织里有"两个不同的人种"一起活动、决策时，通常都是蚂蚁的主张比蝈蝈的主张更容易通过。

原因之一可在前文所述的"二维的蚂蚁与三维的蝈蝈"的差异，即固定变量进行思考的蚂蚁与能够自由增加变量、提高思维自由度的蝈蝈的差异中找到线索。"不同维度的人"同台对抗，需要"让变量配合维度低的一方"。不同变量之间无法比较，所以为了相互比较，必须使变量对齐。

以体育运动为例，假如只用手攻击的拳击选手和手脚并用

的自由搏击选手"公平地同台"较量，自由搏击选手就不能用脚。在这种情况下不难推测，始终只用手攻击的拳击选手比手脚并用的自由搏击选手更占优势。

讲回蚂蚁和蝈蝈，由于蚂蚁始终只在自己平时处理的变量中较量，所以蝈蝈总是以"束手缚脚"的状态在对方擅长的领域内作战。如此一来，孰胜孰负显而易见。直观地讲，（翅膀和后腿无法使用的）"不能跳的蝈蝈"与正常状态的蚂蚁在二维赛台上较量，获胜的当然是蚂蚁。

正如前文所述，在组织中的各种决策场合，如果只有"短期成本"这一变量的蚂蚁与在此基础上还要在（加上"营业额""时间"等变量）"长期利益"这一"更高维度"思考的蝈蝈进行辩论，那么蚂蚁和蝈蝈都只能以更易理解的短期成本作为评价函数。

再从更大的视角来看，只在能用"数字"表现的变量中思考的蚂蚁，与更重视不能用数字表现的变量的蝈蝈之间的决策，只能基于（作为"最大公约数"的）数字进行，所以会趋向于重视（能让全员同台辩论的）数字。最终，集团的决策只会"趋向于容易理解的一方"。

●蝈蝈在蚂蚁窝里跳不起来

组织会像这样趋向于"容易理解的一方"，而且这种趋向基本上是不可逆的，无法轻易后退。在"飞行工具"被禁用的状态下，蝈蝈无法发挥全部力量，结果只能战死。因此在一个组织里，蚂蚁所占的比例会越来越高，而且这个趋向是不可逆的。但这未必就是坏事。一般来说，组织越成熟，就越会"重视革新"。这也可说是必然的变化。

发现新问题，即创造破坏性革新的契机这一职责的只有蝈蝈可以承担，但在蚂蚁和蝈蝈"同居"的状态下，蝈蝈将很难发现新问题，很难将其作为问题重新定义并具体化。

这里存在根本上的困境：组织里蚂蚁的比例越高，革新的必要性就越高，但越是如此，蝈蝈就越没有立足之地，"跳不起来"。

要想引发破坏性的革新，需要让这样的蝈蝈型人才发挥出十成的力量。蚂蚁也理解这一点，但实际上如果蚂蚁和蝈蝈"同居"，决策时将必然产生前文所述的对立结构，然后蚂蚁的逻辑获胜。在结构上，蝈蝈无法发挥出全部力量。

以"封闭体系"为前提的蚂蚁和以"开放体系"为前提的蝈蝈在组织这一"封闭体系"内同居，这件事本身就是自相矛盾的。总是根据"巢的逻辑"行动的蚂蚁，与根据"上位目的"进行思考、不顾巢的利害而行动的蝈蝈，二者的思路永远是两条平行线。

同时，以过去的知识和经验为一切依靠的"存量型"的蚂蚁，在决策时最重视的也是"先例和实绩"。与之相对，蝈蝈会毫不抗拒地抛弃先前积累的知识和经验，认为"有用的东西要彻底活用，但陈旧的东西就没必要固守了"，纯粹忠实于未来、理想和上位目的，做出理智的决策。

● 互相怎么看

思路不同的蚂蚁和蝈蝈互相怎么看？下面我们从组织如何对待成员思路才能最大限度地发挥力量的视角来作讨论。

首先，蚂蚁对蝈蝈怎么看？对于蚂蚁而言，蝈蝈作为从"二维世界"所见的"三维"生物，是名副其实的"异次元生物"。

蚂蚁所居住的二维空间是一个平面，它看不见该平面以外的任何三维活动，只能看见投影在二维的部分截面。因此在蚂蚁看来，蝈蝈"不认真工作，总是跑到'某个地方'（异次元空间）玩"。

而且在蚂蚁的世界里，遵守已定事项是大原则。在蚂蚁眼中，本来就很少待在二维空间的蝈蝈是"连已定事项也做不好的大懒虫"。

英国数学家、教育家埃德温·A·艾伯特在其著作《平面国》中，对这一结构做了完美的表述。

二维世界"平面国"的居民蚂蚁，无法对三维空间的"球"产生认识。因此，即使像图3-27那样，球逐渐穿过二维世界，蚂蚁也只能看见投影在自己这个世界的二维图形"圆"从最初的点逐渐变大，然后又逐渐缩小，直到变成点后消失。

"变量少"指的就是在这种状态下，无法认识到自己所没有的作为视角的变量（在本例中就是圆的"厚度方向"）。

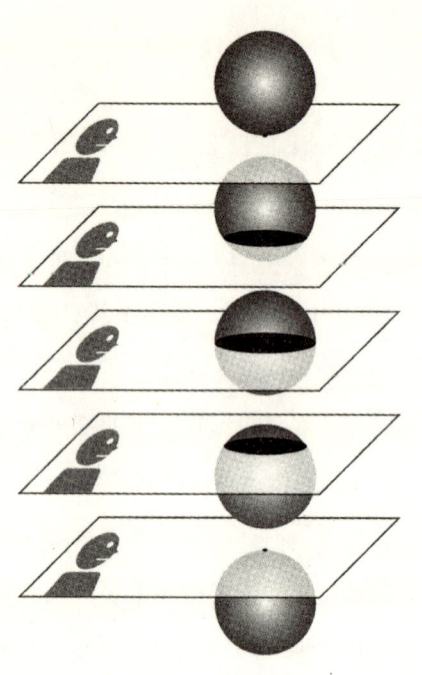

图3-27 二维的居民无法对三维的"球"产生认识

　　从蚂蚁和蝈蝈的故事来看，蚂蚁并不具备蝈蝈所持有的视角变量，所以无法在真正意义上理解蝈蝈的想法（本来就连"存在其他变量"这件事本身也想不到）。

　　像前面的"球"那样，蝈蝈经常会在蚂蚁的视野中消失不见（就像三维的居民经常看不见四维的居民）。在这样的状况下，蝈蝈在蚂蚁眼中就是"不干正事，总是不知去哪儿闲玩"的家伙。

　　正如《平面国》中所表现的那样，在蚂蚁看来，蝈蝈的言行总是很"跳跃"。通过"维度的不同"，就能很好地说明其理由了。正如前文所述，在日常生活中，"维度"也可说是"变量的数量"或"视角的数量"。

对于下属而言，上司的言行经常显得"跳跃"或"变来变去"，原因之一就在于下属"看不见隐藏的变量"。例如，"目的"这一视角就是如此。如果只能看见用于实现特定目的的手段，则"昨天所说的手段"与"今天所说的手段"可能就会显得完全不沾边；但若能牢牢抓住"目的"这个上位概念，通过先升至上位概念，再于其他地点降至下位的解释，就能做到充分理解了。

蝈蝈有时会向蚂蚁强调"外面的世界的美妙"，问蚂蚁"为什么要把自己关在狭小的世界里，自己制约自己"。蚂蚁对此是无比厌恶的。

但同时，蚂蚁也会打心底羡慕拥有"自己的世界"的蝈蝈。然而无奈的是，自己无法"追梦"，因为自己没有"追加的变量"这一"飞行工具"。

以作为追梦的变量的"时间"和"金钱"为例。对于蚂蚁而言，时间也好，金钱也好，都是"被追"的对象。也就是说，二者都没有走出"已被确定外框的东西"这一思维局限。蚂蚁常说的口头禅是"要是有充足的时间，想在南之岛悠闲度日"或"要是中了几亿日元的彩票……"。

为什么会说这些呢？因为"要是有无限的时间……""要是有数不尽的钱……"等假定，都只是"墙外的不现实的话"，所以其发言只能突然跳到这里。

与之相反，对于蝈蝈而言，时间和金钱都是"追逐"的对象。也就是说，蝈蝈将其视为自己能够控制的变量，所以能实际挤出时间做一件事，或是赚钱做一件事，写出连续的、现实的剧本。

那么，蝈蝈对蚂蚁又是怎么看的呢？

一言以蔽之，就是被关在狭小监牢里的"囚犯"。因为蚂蚁"安居"在维度有限的世界里，坚信"墙外的食物不可能吃到"。蝈蝈即使想告诉蚂蚁三维立体空间有多么自由和美妙，奈何蚂蚁没有空间轴，所以根本没办法说明。蚂蚁使"变量"固定，深信封闭的领域就是整个世界，集中精力于如何使其内部变得更好。了解"广阔世界"的蝈蝈会觉得蚂蚁"为什么不多看看外面呢"，简直是恨铁不成钢。

蝈蝈想让蚂蚁知道"外面的世界的美妙"，可是根本无从说起。即使蝈蝈提起外面的世界，蚂蚁也不会表示关心。以蚂蚁的思路是完全无法理解蝈蝈的。

●通过"元级"克服对立结构

"蚂蚁与蝈蝈的对立结构"在各种组织或集团里都能见到，可谓是"永远的课题"。当然，正如前文所述，该结构并不能简单地分割为"谁是蚂蚁谁是蝈蝈"，因为一个人的人格之中往往同时存在这二者，组织里也有具备蚂蚁要素的人和具备蝈蝈要素的人错综复杂地交织在一起。不过，"视角"意义上的对立结构与本书所展示的东西，或多或少是相吻合的。

应该怎样思考这种对立结构才能克服它呢？这里的关键字是"元"。关于这个关键字，后文还会谈到，一言以蔽之，就是指以"上位概念"进行客观审视的视角。

如前文所述，和蚂蚁"混在一起"的蝈蝈会"被拖后腿"，其能力得不到发挥。这里的"混在一起"，是指在一个封闭组织或评价制度下（多数场合会配合蚂蚁）一起活动（在前文中被表述为"蝈蝈在蚂蚁窝里跳不起来"的状态）。

那么，蚂蚁和蝈蝈怎样才能做到共存共荣呢？

首先，蚂蚁和蝈蝈各自为政地同居是最不好的，因为双方的决策方式不同，对待工作的态度也完全相反，所以无法磨合，不能发挥能力、互相补足。因此，首先要做的是从上位，即元的视角来认识"思路的差异"。

例如，在商品企划等决策场合，蚂蚁认为只应该推进那些靠"过去的实绩和逻辑"显然能够进展顺利的企划，蝈蝈则认为"因为做的是史无前例的事，所以只有做过才知道是怎么回事"。即使二者"同台"辩论，蝈蝈也毫无胜算。

发现问题是蝈蝈的职责，蚂蚁则担负着"妥善整顿既定框架内部"的重要任务。粗略地讲，这个世界的九成以上是由蚂蚁构筑起来的，蚂蚁始终直视"现实"，重视具体的思考和执行。支撑现实的是蚂蚁。不论组织还是社会，如果都是追逐"理想"的蝈蝈，后果将不可收拾。

然而，光有蚂蚁的社会或组织必然会随时间而衰退。这是因为,"在封闭体系内""使变量固定"后进行思考并行动的蚂蚁,容易变得目光短浅,没有进步。

更进一步地讲,让蝈蝈住在"组织这一封闭体系"里,这件事本身就是矛盾的。所谓破坏性革新,从其定义来看,本就与既有的技术和企业不连续,意味着身为"无产者"的革新者向身为"有产者"的权力阶层发起挑战,或失败或取而代之的过程。

因此,蝈蝈本该"在蚂蚁的组织之外"活动。

仅靠蚂蚁的思维无法做到对蝈蝈的管理,反之亦然。当蚂蚁和蝈蝈混在一起时,必须在理解二者的特性的基础上区分使用,做到人尽其才。也就是说,需要从一个上位视角看待两者的"元级的"管理。管理者既可以是蚂蚁,也可以是蝈蝈。关键在于"能从上方俯瞰两种思路"。

二者既可能是既有组织和项目组织的形式,也可能是总公司和分公司的关系,还可能是在同一个组织里"组合"其他职责的关系。总之无论如何,如果不能明确区分这些思路,做到人尽其才,结果只会一错再错。

"混合"与"组合"看似一样,实则完全不同。所谓"混合",是指无视各个体的个性,姑且先混在一起,用一个原理统括起来。这样做会抹杀所有的个性。相对地,所谓"组合",是指在充分理解每个个体的个性的基础上,在元级上思考最佳的组合方式,以最大限度地活用各个体的个性。

一个是把"砂糖和盐"无秩序地简单混合起来，一个是通过最佳的组合方式用来做菜，只要想想二者的区别就明白了。粗暴地混合只会造出毫无用处的废物，只有灵活组合来调味，才能做出最可口的菜。

人才的运用也一样。遗憾的是，有些人嘴上说着"多样性"，却只是把人才简单地"混合"起来，结果导致人才的个性遭到抹杀。这样的例子非常之多。

●决定是蚂蚁还是蝈蝈的性格和环境

在蚂蚁和蝈蝈的对比的最后，我们来讲讲决定其各自思路的性格和环境。直接来说，将二者区分开来的，很大程度上是天生的性格加上环境要因。

那么，什么样的环境会造成怎样的影响呢？

在"权力阶层"这一传统的、大规模的、有名声的"有产"组织里，容易养成"蚂蚁的思维"。这种思路会以维持并发展既成的"帝国"为最优先，所以会在自己筑起的墙内思考事物。而且在这样的环境下，根据旧有想法进行思考及"重视先例"的风险是最小的。

与之相对，适合"蝈蝈的思维"的典型环境，是作为"无产"挑战者的创业型公司之类的组织，身处其中必须具备创业家精神和不区分墙内墙外的"开放体系"的思维。

拥有"开放体系"的蝈蝈型思路的人，是站在所谓"超体制"的立场上的。这里故意不使用"反体制"一词,是有道理的,因为用"墙"分割出体制和反体制、确定墙内墙外的思维本身,就是"封闭体系"的思维。

与之相对,"超体制"是从墙的上方俯瞰全局,在其眼中是零基的,没有墙。"开放体系"指的就是这样的思路。

所谓权力阶层,指的是已经拥有积攒来的各种"资产","可失去的东西太多"的人或组织。现在拥有的越多,"向心力"就越大,从墙壁指向内侧的内向志向就越强。

一般来说,年长者或"在其人生道路上已经获得成功的人",可称为"可失去的东西太多的人"。反之,"没有(少有)可失去的东西的人或组织"成为蝈蝈型思路的可能性就很高(图3-28)。

图3-28　容易变成蚂蚁型思维的人和容易变成蝈蝈型思维的人

"蚂蚁型思维"	"蝈蝈型思维"
有怕失去的东西	没有怕失去的东西
知识、经验丰富	知识、经验浅薄
地位高	地位低
权力阶层	挑战者
年长者	年轻人

思路的形成由与生俱来的性格和环境决定,以此为前提,自觉认识到自己原本在哪些要素上占优势,再考虑环境的影响,思考如何发挥自己的长处,克服自己的短处,才是重中之重。

PART IV

发现问题所需的"元思考法"

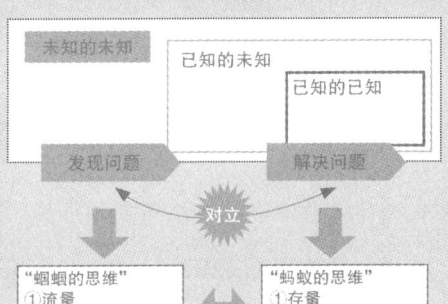

升维发现问题

PART I "知"与"无知、未知"的结构	未知的未知	已知的未知	
PART II "解决问题"的困境			已知的已知
	发现问题		解决问题

对立

PART III "蚂蚁的思维" vs. "蝈蝈的思维"	"蝈蝈的思维" ① 流量 ② 开放体系 ③ 可变维度	⇄	"蚂蚁的思维" ① 存量 ② 封闭体系 ③ 固定维度
PART IV 发现问题所需的 "元思考法"	"元思考法" · 抽象化、类推 · 思考的"轴" · Why型思维		

PART Ⅳ的整体概念图

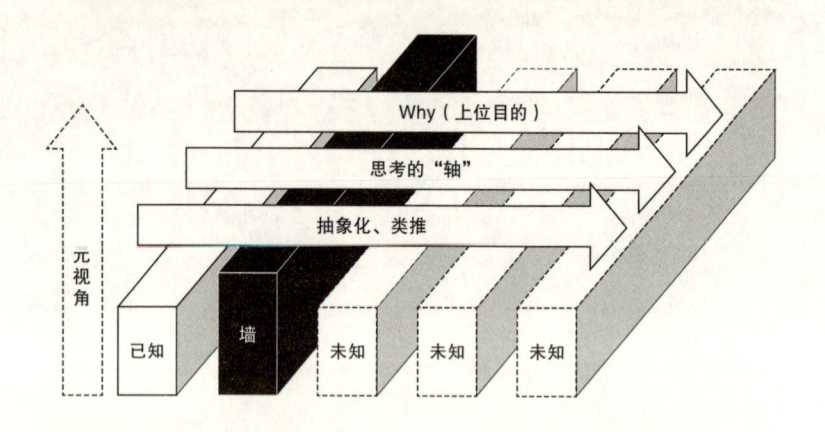

（图：元视角 / 已知 / 墙 / 未知 / 未知 / 未知；Why（上位目的）；思考的"轴"；抽象化、类推）

PART Ⅳ的要点

- 介绍三种通过提升视角或思维的"维度"来促进发现未知领域问题的"元思考法"。
- 通过"抽象化、类推"升维。找出已抽象化的层级上的共同点，就能找到与遥远领域的关联，从其他领域获得新创意。
- 通过"思考的'轴'"升维。不是关注个别事象，而是在更高一级的"思考的'轴'"上理解事象，如此就能发现自己的思维盲点，同时意识到新视角的存在。
- 通过询问"Why（上位目的）"，即"为什么"来升维。例如，以手段→目的的形式升至"上位目的"，就能不受具体手段的限制，正确地定义问题，想出本质的解决手段。

PART Ⅲ主要通过蚂蚁和蝈蝈的对比，分析了"解决问题型"的思考法与"发现问题型"的思考法的差异。对于发现问题而言，以"重视流量""开放体系""可变维度"进行思考的"蝈蝈的思维"至关重要，即使针对同一个事象，也能发现与"蚂蚁的思维"完全不同的问题。

PART Ⅳ会分析为了从新视角重新定义问题而将思维"升维"的"元思考法"。通过"开放体系"的思维能够"跨越壁障"，再通过继续"升维"至上位概念，从而发现新的思考的"轴"和"变量"。

也就是说，关键词是"元"和"上位概念"。蝈蝈"跳跃"的形象，即是用更高一级的维度（变量）"浮至上位"的形象。这正是"以上位概念思考"，而这样的上位视角在这里用"元"来表述。

PART Ⅰ中提取创意的事例——"便利店里出售的东西/不出售的东西"，其中也出现了"上位概念"的思维方式。该事例从"大件""贵重品"等抽象化的关键词出发，想到了"超过一米的东西""超过十米的东西"，由此想出了车、房等便利店里不出售的东西。

在这个过程中，并没有逐个提取商品和物件，而是通过高度抽象的词语进行了分类，在这个等级上扩展思维后，再思考各个对应的具体例子。

在PART Ⅳ中，我们将正式针对上位概念的活用进行论述，同时介绍三种具体的思考法，包括"轴"的用法。

4.1 上位概念与下位概念

思考中的上位概念,一般多指抽象度的高低。也就是说,越抽象的越是"上位",越具体的越是"下位"。

本书将尝试在后述的相对性比较的基础上理解"上位""下位",把这一概念的定义向本书所说的解决问题的"维度的高低"稍做扩展。

●上位概念是指用以思考的解释层

关于上位概念,本书采取"用于以通过诸多事实获得新知见为目的的思考的层"的见解。简而言之,上位概念就是"用于思考的概念层"。上位概念经常在与下位概念做对比时被提及,是一种相对的概念。

正如PART I中关于无知的记述,要想发现问题,首先须认识到上位概念下的无知,然后用这个层获得新的画线和知见。

为了使"上位概念"和"下位概念"的对比的形象更加明确,图4-1表现了二者在不同截面上的对比。下面就对这些适用例

图4-1 上位概念与下位概念的区别

下位概念	上位概念
基础	元
个别事象	思考的"轴"
个别事象	相关性/结构
具体	抽象
手段	目的
N维	N+M维

进行说明。

关于"下位"和"上位"的关系的第一个例子，是"事实"和"解释"。正如PART Ⅰ所述，事实是客观且个别的观察对象。人类的思路对事实进行某种解释，即意味着"提升至上位概念"。

与此相关的上位概念，是相对于"具体"的"抽象"。同样如PART Ⅰ所述，解释的典型是"分""连"的"画线"，而画线的代表性产物就是"抽象化"。

抽象化的产物——"思考的轴"和"框架"也是上位概念的代表例。关于"思考的轴"，后文还会详述，其特征是由"方向性"和"极"构成。容易理解的关于轴的例子，可以举出"尺寸""价格"等用数字表现的变量。数学中坐标"轴"的形象也与此相似。

"画线"的一个典型例子是框架。这里所说的框架，指的是通过上位概念的组合，以俯瞰的方式对某特定领域的相关整体进行分类、整理后的大的概念性构架。通过"套用框架"思考，对事象进行分类、关联（"分、连"），就能发现自己的思维盲点。

此外，相对于"手段"的"目的"也是上位概念的应用例。相对于具体的、唯物的手段，目的多是未发生的、不可见的。从这一点上，可以说目的是属于上位概念的。

若将目的视为"与未来的关联性"，那么原因便是"与过去的关联性"。"因果关系"也是作为解释的上位概念的例子。表述这些"与过去或未来之关联性"的是"为什么"这个疑问词。

此外，要想客观地看待"自己"这个对象，就不能只靠"是自己还是自己以外"这种"二选一"的思维方式，而是需要有一个"思考的轴"——"自己⇔他人"，以使自己相对化。若将"自己"理解为封闭体系，就会变成PART Ⅲ中的蚂蚁的视角，始终以自我为中心进行思考，坚信墙内是圣域。"元思考法"并非如此，它体现了"从更高一层观察"自己的思维形象。

用上位概念思考，是人类的特权。动物基本上只能在下位的具体层上驱使智慧，只有人类才能用上位概念思考。

上位概念被定位为人类的最大优势，然而讽刺的是，人类在智慧上的最大弱点也来自上位概念。

高度的智慧活动存在于上位概念的活用当中。

为了对使用上位概念和下位概念的思维做更进一步的论述，下面来看这些关系的其他应用例。

●上位概念是指用"元"思考

在"无知之知"中论述的"从更高一级观察对象"这一"元"的视角，也是上位概念的代表例。相对于"以自我为中心"的思维方式，它是"客观地看待自己"的视角。尽管人们只会以自我为中心去思考事物，但即便如此，在这种情况下，尽力"客观地看待自己"的视角仍属于"上位概念"。这是被称为"元认知"的思维方式。所谓"元"，常被用于"俯瞰作为更高一级的视角的事物"这种形象。例如"元数据"，指的就是"关于数据的数据"。

"元认知"的形象如图4-2所示。顾名思义，该形象就是"俯瞰"自己。

人们在思考新创意时，经常说"勿有先入之见""不要囿于常识"，但是对于听者而言，这些话是非常难以理解的。这是因

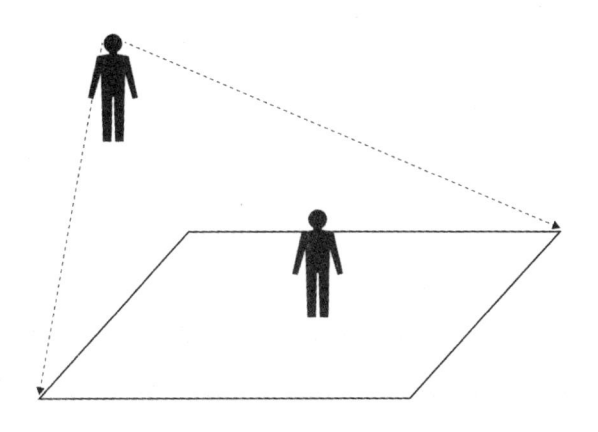

图4-2 元认知的形象

为,只要不能客观地看待"抱有先入之见的自己""囿于常识的自己","认识到这种状态"这件事本身就无法做到。

如前文所述,要想认识到"常识之墙",第一步必须"俯瞰"那道墙,把握不囿于常识的状态,而这就需要"元认知"。

反之,如果不能摆脱以自我为中心的思维方式,就无法做到"元认知"。例如,在认为自己的价值观是"世界中心"的状态下,对于偏离该价值观的事物会全部否定,无法接受。这就是所谓"头脑顽固"的状态。要想使头脑变得柔软灵活,首先需要将已凝固的状态重置。这个过程就是上升至元认知这一上位概念。

人类只会以自我为中心去思考。这很可悲。觉得"只有自己是特殊的""只有自己吃亏了",觉得"别人不理解自己",甚至全没意识到自己"想偏了"。最想对别人说的是抱怨和自夸,最不想听别人说的也是这两样。

人类就是这样的生物。

●脱离"现在、这里、这个"

将"元认知"稍作扩展,能否客观地看待自己,关键在于能否把自己放在某个坐标轴上客观地看待,而不是站在以自我为中心的视角。

不光是以自我为中心的视角,还能站在"自己和他人"这一对立轴上进行观察,或者视自己为万众之中的渺小一人,便是"元认知"的视角。

应用"元认知"的视角，把自己映射在连接过去和未来的时间轴上，就能获得"现在的自己"这一视角。而且，如果映射在空间轴上并俯瞰，就能客观地看待"身在这里的自己"。再从具体⇔抽象的视角来说，不能把自己看成个别的特殊存在，而是应该当成普通的存在。

也就是说，从"现在（时间轴）、这里（空间轴）、这个（具体⇔抽象轴）"的视角出发，将时间轴、空间轴、具体⇔抽象轴扩展开来看，就是元视角。反之，在执行某事的时候，集中精力于"现在、这里、这个"的课题，不考虑其余的事，往往能够进展顺利，然而一旦精力过于集中，就做不到"退一步"思考了。一味地站在"当事者视角"，也是有利有弊的。把自己这个点放在"轴"这条线上，恰恰意味着"增加维度"。

例如，电子文件名中经常出现"最新版"的字样。这在命名的那一刻确实是正确的，但随着时间流逝，在"下一个最新版"出来以后，如果这个"最新版"依然残留，就会搞不清哪个才是真正的"最新版"。

这一现象源自时间轴上的元视角的缺乏。如果只有"现在的自己"这一视角，实时制作的文件就会全部成为"最新版"。这里缺少了"现在的自己"本身正在走向未来这一视角。

如果以更高一级的"元视角"观察时间轴上的自己，就会发现"现在的自己"只是"〇〇年××月△△日□□时☆☆分"

的自己。

换言之,(不具备"元视角"的)低一级的下位视角可谓是以自我为中心的相对坐标的视角,"元视角"则是绝对坐标的视角。

下面再举个在空间轴上以元视角进行观察的例子。比如指路的时候,这种"视角的差异"就会体现得很明显。所谓"这里"的视角,是指以自己走在现场的视角开始说明。如果是从某个车站开始指路,就会先以"走出检票口的自己的视角"开始说起。这种场合的特征是,指路人会采取以本人为中心的视角,使用"左""右"进行说明,其表现力会因真实性而有所增强。然而,对于想不出那种光景的人而言,想象力是必不可少的,一旦有一个地方弄错,就会分不清接下来应该是向左,还是向右。

与之相对,从上方俯瞰地图,根据地图中的自己客观地指路,就是"元视角"。这种场合的指路会用"东""西"代替"左""右",借助所有人都掌握的绝对坐标。相较于前面的例子,这种指路是事务性的,显得枯燥无味,但具有不会出现严重错误的优点。

要想察觉自己的自以为是,元视角至关重要。为此,需要使用"东西""南北"等所有人都掌握的"坐标轴"。

● "无知之知"是"元认知"的产物

作为本书的主题之一,苏格拉底所提倡的"无知之知"这一概念本身，就是"元认知"的产物。苏格拉底并不是在说"无知"本身是问题，而是在说元级的"无知的无知"，即没认识到自己无知才是最大的问题。

从"高一级的视角"观察有问题的状态，认识到那有问题，就是"元认知"的视角。

也就是说，"有问题"这个状态本身当然也是问题，"没认识到有问题"则是本质的、根本的课题。

例如，说着"啊，我醉了，我醉了"的醉汉与说着"我完全没醉"的醉汉相比，哪个更"没酒品"？

此外，未能做到"元认知"的例子还有以下这些：

· "拖后腿的人"不知道自己正在拖后腿
· 对于某事象"不理解的人"，没意识到自己不理解（所以会觉得理解的对象"奇怪"）
· "说话难懂的人"不理解"什么难懂"（如果知道哪里难懂，问题就相当于解决了）

这些例子都（没意识到自己）陷入了PART Ⅰ所述的"范围的无知"和"维度的无知"。也就是说，"无知之知"是"意识"的问题，而有助于意识的元认知具有很大作用。

4.2 通过"抽象化、类推"升维

接下来的三节,将介绍三种"用上位概念思考"的手法。第一个方法是通过"抽象化、类推"升至上位概念(图4-3)。

谈到上位概念时,最基本的思维方式是具体与抽象的对立概念。关于"事实"与"解释"的关系,前文已作阐述。若将个别事实视作具体,则基于某共同点抛弃其他所有特征、视为"同一范畴内"的解释,就是抽象。顾名思义,抽象意味着"提取特征"。

通过"抽象化"这一思维概念,人类的智慧实现了飞跃性的进步。可以说,各门科学的"定律"也均来自抽象化。定律即不同事象间的共同规律。抽象化适用于众多事象,可谓是效果显著的定律。

科学的进化一言以蔽之,就是找到各个特殊事象间的共同点,得出定律,再将其适用于各种各样的事象。各类科学技术的进步,都基本上均遵循这一原则。

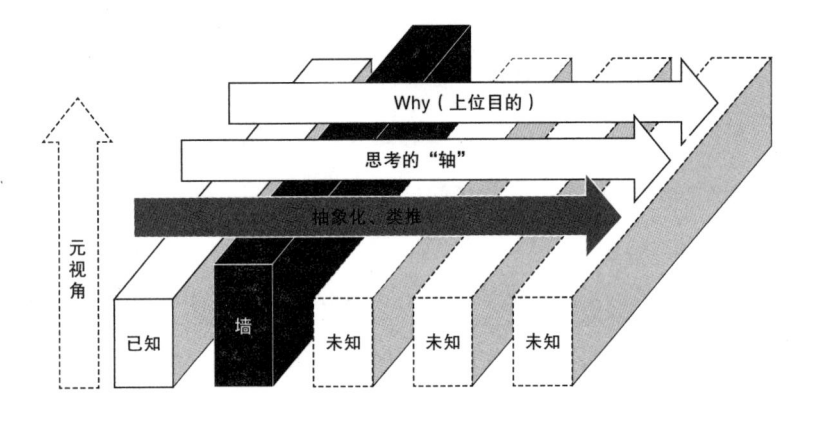

图4-3 通过"抽象化、类推"升至上位概念

Why（上位目的）

思考的"轴"

抽象化、类推

元视角

已知　墙　未知　未知　未知

●"分类"是源自抽象化的上位概念

同样，"分类"也是抽象化的产物。"找到共同点后统一概括"与"分类"，也就是说"分"的行为是表里一体的关系。要想做到"分"，就必须如PART Ⅰ所述，画线并在其两侧找出共同点。分类学发达的代表领域是生物学。这也可说是科学的一种进化形式。

"分类"这种行为使人类的智力通过上位概念得以提升，但同时也造成盲目的自以为是，可谓功过参半。例如，"因为○○是××……"便刻板地做出决定，就是其中的代表。

人类通过分类整理知识得以进化，可一旦进行分类，原本只是在人类"脑中"所画的分界线，就会被当成不可违背的金科玉律。这便是前文所述的"常识壁障"。

抽象化即简化。由于抽象与"舍象"是表里一体的关系，所以一旦提取有限的特征，其他特征就会全部抛弃，因此余下的特征会变得极其简单。

具体指的是个别事象，抽象则是将其"概括"的行为。因此，越是向"抽象化"这一上位概念过渡，就越简化，越趋向于整体的结构化。因为抽象度越高，统合度就越高，最终会成为一个整体。

通过具体这一下位概念，能够分散地观察不同个体，而在抽象化的世界里，则不得不考虑整体的关联。

● "关系与结构"的抽象化

下一个抽象化的例子，是"单体"和它们的"关系"或"结构"。此处用语的定义是，两个事象间的关联称为"关系"，包括"关系"在内及三个以上的多个事象间的关联称为"结构"。因此，后文即用"结构"一词统括表述。

"单体"与"结构"关联的形象如图4-4所示。

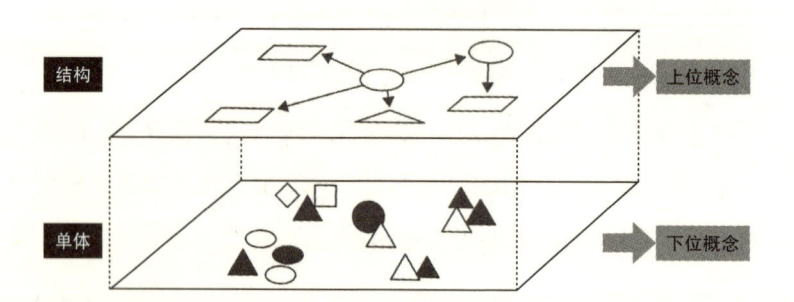

图4-4 单体与结构的关系形象图

认识个别事实的状态是下位概念；无视个别事象"本身"的特征，仅着眼于它们之间的关系性，是上位概念。想想我们学历史时的状态就能明白。"〇〇年发生××战争""〇〇年签订××条约"等个别事件是下位概念，它们之间的关联及因果关系是上位概念。

关系性通常是看不见的。能操控无法直接看见的概念，是人类的强项。然而，人类连实际并不存在的不必要的关系也能"看见"，这有时会成为人类的弱点。

后述的类推思维着眼于这里所说的上位的关系和结构，在下位看来是完全不同的联结事象的思考法，却是解决本质问题和形成崭新的创意所不可或缺的。

回转寿司的创意来自工厂的流水线；魔术贴的创意来自苍耳（草丛中附着在衣服上的植物）……如此找出乍一看完全不同的领域之间的共同点，从而生成新创意，就是类推思维。

像这样"将相距遥远的不同事物联结起来"，就是类推思维。其中的要点是寻找"乍一看不同的共同点"。与前文的内容联系起来，就是要寻找上位概念而非下位概念上的共同点。

例如，如果着眼于下位概念上的类似性，就算模仿同范畴的竞争公司的功能或设计，也得不到崭新的创意。要找出那些尽管在下位概念看来完全不同，但在上位概念看来却相同的共同点，把它们联结起来，才能得到崭新的创意。也就是说，"寻找难以发现的共同点"与创造性息息相关。

正如PART Ⅱ所述，从发现问题到解决问题这一从"上游"到"下游"的过程，是先从具体升至抽象，而后再落回具体的过程。发现并定义问题，需要的是不带预判和偏见地观察具体的"零维事象"，将其抽象化而概括为一个概念的能力。

一旦通过抽象化完成了概念这一"画线"，探讨的方向就会移向如何实现和执行的具体步骤。因此，抽象化可以说是从发现问题到定义问题这一最上游所不可或缺的能力（图4-5）。

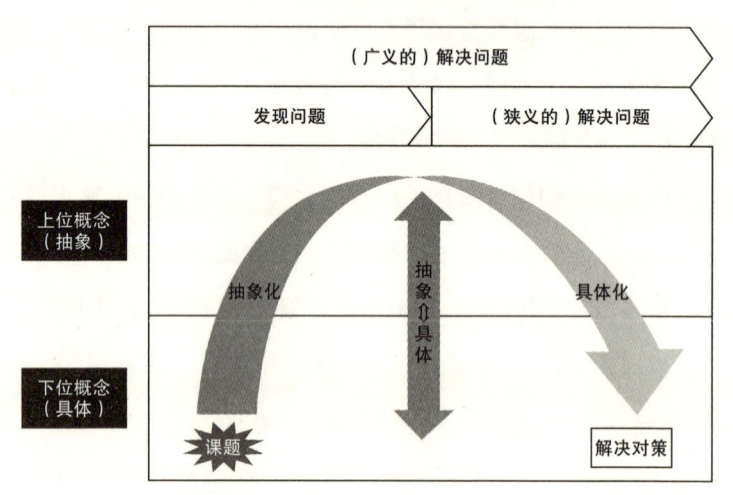

图4-5 发现、解决问题与抽象化→具体化的过程

●不用方程式难以教算术的理由

"抽象"在很多人口中仿佛成了"难懂"的代名词，这其实是大大的误解。人类自身的思维方式和思路，比起动物来是十分抽象的，一旦有人站在超出我们所能理解的抽象高度讲话，

我们就会觉得"听不懂"。换言之，一旦自己掌握了抽象的表达和理解方法，反而会觉得逐一具体表述的做法不仅很蠢，而且更难理解。

例如，请解答以下问题。

【问题】买3支圆珠笔和2支签字笔需要660日元，买5支圆珠笔和3支签字笔需要1050日元。

1支圆珠笔和1支签字笔的价格各是多少？

一般，我们会建立二元一次方程式，比如设1支圆珠笔的价格是x，1支签字笔的价格是y，那么

3x+2y=660

5x+3y=1050

消去x或y的变量求解。

然而，教小学生算数就不能使用方程式了。

一旦"不使用方程式"，这个问题对于大人也很难解答。

这是为什么呢？"不能使用方程式"究竟是什么情况？

所谓方程式，是抽象化的产物。x、y等"变量"是其代表。

这里的要点在于，一旦学会使用上位概念，即抽象化语言的思维方式，就很难再使其落回到下位概念。也就是说，向上位概念的转变是"不可逆"的。

"词语"和"数字"都是如此。例如，一旦掌握了词语，不

用它就很难解决问题。"专业术语"便是其中的典型。

抽象化是人类思维的基本，也很有难度。用超出自身极限的抽象化，即上位概念讲话，别人会觉得"难以理解"。但另一方面，一旦自己学会了如何操控抽象化这一上位概念，再用下位概念去表述就会变得很难。

例如，"一起去吃午饭吧"这句很随意的话，也十分抽象。如果作为思维实验进行模拟，对完全只能理解具体事象的人（假设有这样的人存在）说这句话，会发生什么事呢？

A："一起去吃午饭吧。"
B："午饭是指什么？ 不具体说我不明白。"
A："抱歉，抱歉。那，一起去吃中餐吧。"
B："中餐是指哪家店的什么菜？ 太抽象了，我不明白。"
A："哦。那……去街角的台湾餐馆吃拉面吧。"
B："街角是指哪个街角？ 光是半径五百米以内就有十个街角。请说得具体些。还有，光说拉面，我不明白是哪种拉面。"

多么"累人"的对话啊。想必读者已经明白，一切都追根问底的交流有多么麻烦，（在已经学会抽象化的人看来）多么"愚蠢"。

由此可见，我们并没有意识到自己日常所使用的词语的通用性经过抽象化得到了提升，从而变得更有效率。也就是说，当自身达到上位概念的水准，就能享受到抽象化的好处，可一旦谈话内容的抽象度超出自身极限，就会"因太抽象而听不懂"。

同样的状况在学习语言的场合也很常见。小孩子在学习语言的时候，不用意识到"语法"这一抽象化的规则。但如果反过来，教那些已经掌握了一定程度的抽象概念和思维方式的初、高中生学习外语或文言文，就应该"先从语法学起"。假如不用语法去教，就必须把所有词语作为一个个个别事象具体学习。

● 抽象化没有"公民权"的理由

抽象化是人类智慧基础中的基础，也可说是区分动物与人类的决定性的能力之一。词语和数字是抽象化思维的典型产物，只要想想生活中没有它们的场面，就能明白抽象化思维有多重要了。

尽管如此，以"抽象"为首的上位概念却多被人们用于否定句中，比如"那个人说的东西太抽象，听不懂""那完全是抽象论，缺乏现实意义"等。

对于大多数人而言，抽象化这个词本身就不够熟悉。在日常生活中，由于抽象化未能让人们认识到真实，所以往往遭到误解。

之所以出现这种情况，部分原因还在于学生在学校教育中没能有意识地、清楚地用词语来表述抽象化。实际上正如前文所述，在自然科学和经济学中理所应当使用的概念，其意义和应用却未能渗透到日常生活当中。

只在具体的层级上理解事物，与配合抽象化理解事物，二者的世界观本身就是不同的。我们没理由不有意识地加以活用。

而且，行动和实践总是发生在下位的具体层级上。"抽象化"是"思考"所不可或缺的上位概念，但仅仅如此是难以联系实践的，比如前面提到的"那完全是抽象论，缺乏现实意义"的说法。将已经抽象化的概念落回到具体，是迈向实践的关键一步。

抽象最大的优点是"应用范围广"，但这同时也会成为缺点，意味着"可以随意解释"。

占卜师和预言者常用的说辞就利用了这一点。预言的用词越抽象，"应用效果就越好"，简直可以有各种各样的理解方式。例如，预言者或占卜师会用"健康方面或有不适""工作中的交流会出麻烦"等抽象的语句进行预言。

其实我们所有人都有这些问题，但不可思议的是，听者会将预言同个人经验联系起来，深信"预言说中了"。实际上，那些预言只是使用了抽象的措辞罢了，说中是理所当然的事。

●作为抽象化应用的"类推"

人们常说，那些乍看起来崭新的创意，其实只是既有创意的组合。只不过在这里下功夫，需要具备抽象化及作为其具体应用的"类推"思维。

近年来经常引起热议的"商业模式",就是"借用"既有创意的典型例子,体现了类推的形象及其有效性。商业模式的定义不一,这里暂且定义为"抽象度高的'赚钱结构'"。"模式"一词意味着它并不是单纯的个别战略,而是类型的样式,因此就有可能跨越业界、商品和服务,在抽象度高的层级上进行套用。

从遥远的领域借用

为了跨业界移用"商业模式",不能只在个别具体事象的层级上进行观察,还要在抽象化后观察关系性和结构,而这个层级就需要具备"借用"的思维。那些并非具有事象间表面的类似,而是在抽象层级上具有结构性类似的创意,可以从乍看仿佛很遥远的其他业界借用,有时还可以从商界以外的领域借用。

"类推"简而言之,就是从"表面上不同,结构上类似"的遥远领域借用创意的思维。通过尽量从看似毫无关系的远方借用创意,就有可能得到崭新的创意和突破。

要想"从远方借用",需要高度的抽象化。越是深刻地追求抽象化,迫近本质,"从远方"借用的可能性就越大。抽象化与类推的关系如图4-6所示。

美国线上DVD租赁公司Netflix的事例,是使用抽象化的类推思维诞生新商业模式的著名事例。

1997年的某一天,一名美国男子因在附近的DVD出租店租

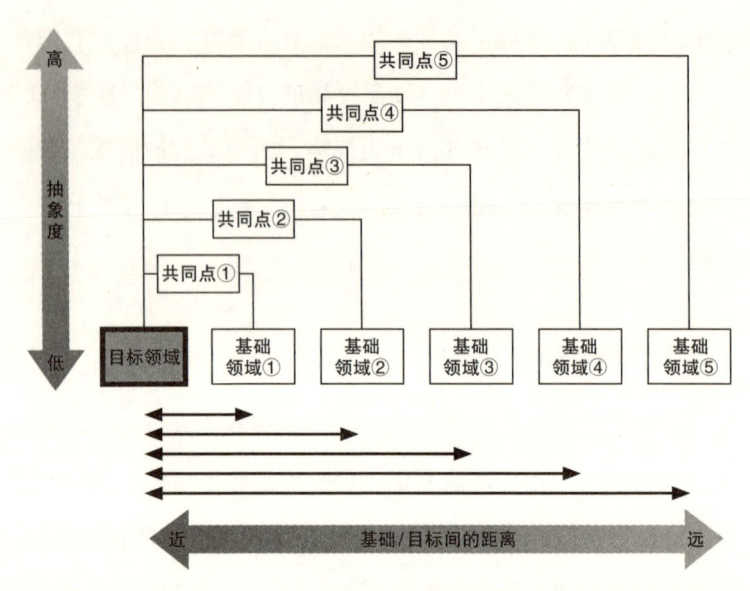

图4-6 通过类推"从远方借用"

借电影《阿波罗13》，拖延了6周才还，被要求支付40美元的附加费用（相当于该影碟售价的三倍）。他当时常去的健身房，只要每月支付30～40美元，即可享受不限时待遇，想锻炼多久就能锻炼多久。气愤的他就想，能不能把健身房的这种收费模式用于租赁DVD呢？ 此人正是Netflix的创始人里德·哈斯廷斯。通过自1999年开始采用的这种包月制度，Netflix在美国实现了飞速发展。

这个例子贴近生活，简单易懂，但它很好地反映了思考商业模式时的种种侧面。其步骤是，首先从"用户的不满"开始（顾客需求的具体表现方法之一），将本属于个人经验的非常具体的事象（大概在心里）抽象化，在这个层级上从远方借用其他业界的定价方法这一"模式"，然后再落实到DVD的租赁。

这一流程作为思维流程的模式化、一般化产物，如图4-7所示。

基于抽象化的类推思维还有一个含义：在"从远方"借用这一点上，"不连续的"类推的特征不同于纯粹的、逻辑性的、"连续的"思维，从好的意义上讲，它能使创意"飞跃"（到远方），是特别适合催生商业模式般的新创意的思维方式。

也就是说，在思考"现有商业的延长"时，与更合适的逻辑性思维相比，类推是用来创造不连续的展望的思维方式。为此，可以说抽象化思维是必不可少的。

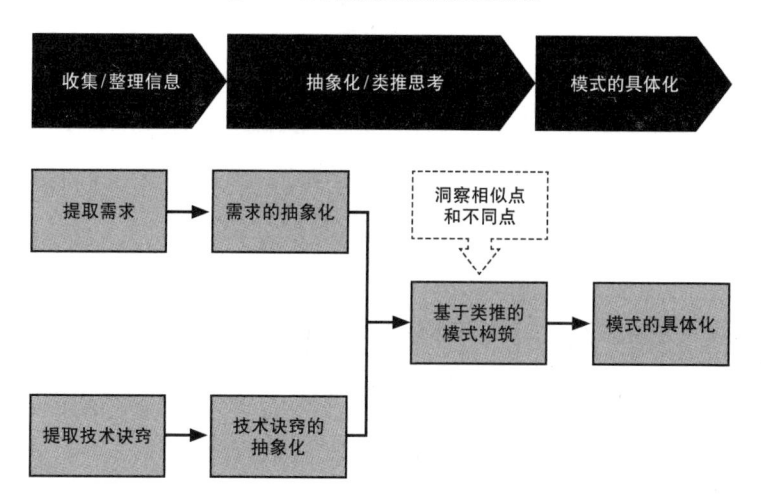

图4-7 基于抽象化和类推的思维流程

收集/整理信息 → 抽象化/类推思考 → 模式的具体化

提取需求 → 需求的抽象化 → 洞察相似点和不同点 → 基于类推的模式构筑 → 模式的具体化

提取技术诀窍 → 技术诀窍的抽象化

洞察相似点和不同点

通过抽象化，可以使商业模式的样式的切入口和事例的组合实现标准模式化。如此一来，类推的活用就会变得更容易，但要想做到活用，关键是得恰到好处地洞察"借用"的对象领域与探讨对象领域之间的相似点和不同点。

常见的武断的思维方式有两种。一种是认为自己的行业很特殊，觉得"其他行业或商界以外的事例没用"，心门紧闭，思考停止。这种思维绝对无法"跨越壁障"。换言之，这是"在一棵树上吊死"的思维。

另一种是过于一般化地思考，觉得"做什么都能顺利"。抽象化的程度越高，一般化的程度就越高，所以基本上应用范围会有所扩大，但这是有界限的，需要彻底认清那堵无论如何都无法跨越的墙在哪里。例如，如果基于"人类都一样"的认识，将其他国家的做事方式一般化，就会得到"适用于全世界任何地方"的结论，但实际上却存在着因各种理由而绝对不能改变的习俗、气候性问题、社会体系上的制约等无法轻易跨越的墙。洞彻这些的存在也是关键所在。

"纵向移动的落差"越大越好

如前文所述，由于"抽象"一词给人的形象，使得抽象化往往会吃亏，所以最后讲讲抽象化的活用要点。

图4-5对具体→抽象化→再度具体化这一流程做了分析，其中的关键是，在最初和最后阶段"最好说得够彻底、够具体"。这里存在抽象化的一个盲点。对于抽象化这个词，人们总是容易将其理解为使用抽象的词语或模式说话，然而归根结底，抽象化就是抽象"化"，最终得与再次落回到具体事象的"具体化"配合才行。

用来通过抽象化扩充创意的"原材料"，最好尽量含有"固有名词或数字"。与此同时，最终的商业模式也应该彻底描绘出具体的场面，以明确用户姿态。也就是说，"抽象化"也必须有彻底而具体的"入口和出口"。换言之，所谓好的抽象化，关键就是具体⇔抽象的"纵向移动的落差"大。

反之，从抽象化的视角去看，有两种"不好的模式"。一种模式是"从头到尾停留在半高不低的抽象层级上"。例如开发商品时，假如采取"目前不合用，应该加以改善"的措施，则"入口"和"出口"都停留在这种半高不低的抽象表现上，又怎能发生革新呢？ 而且，由于未能充分抽象化，"跨越壁障"也做不到。

另一种不好的模式是"从头到尾都停留在具体层级上"。例如修正网站设计时，"有人认为'○○按钮不好按'，所以应该稍向右挪"的改善意见可能比不改要好，但由于课题本身未经抽象化，所以这个"小规模"的措施会变得武断且浮于表面，不待解决根本课题就会宣告终结。

如果使课题抽象化，或许能找到"可能本来就不需要按钮"这一"跨越壁障"的解决对策。这也可说是未进行"从手段到目的"这一抽象化的例子。

"好的抽象化"与"不好的抽象化"的形象对比如图4-8所示。

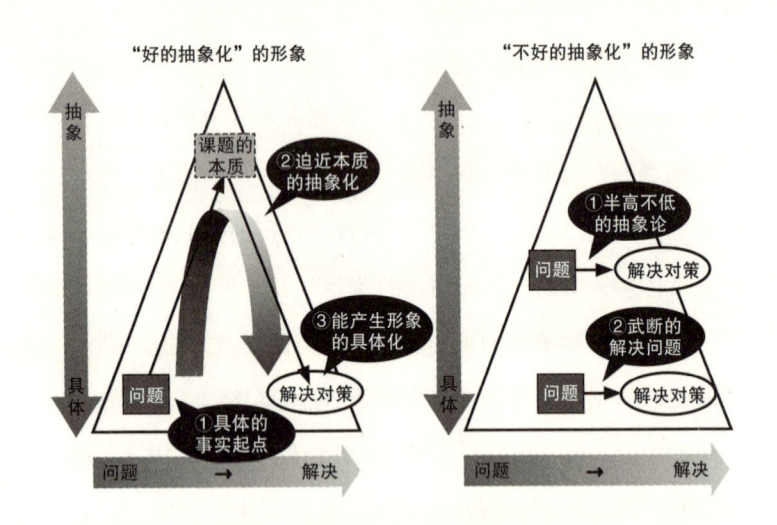

图4-8 "好的抽象化"与"不好的抽象化"

"好的抽象化"的形象

抽象 ↕ 具体

课题的本质
②迫近本质的抽象化
③能产生形象的具体化
问题
解决对策
①具体的事实起点

问题 → 解决

"不好的抽象化"的形象

抽象 ↕ 具体

①半高不低的抽象论
问题 解决对策
②武断的解决问题
问题 解决对策

问题 → 解决

通过抽象化记忆身边的事象

使用类推的另一个契机在于，要时刻通过抽象化记忆身边的商品或服务。前文所述的要点也已表明，契机总是存在于现场和完整且具体的经验之中。

例如，类似于 Netflix 中的定价，我们身边的咖啡店的早间服务也存在多种"模式"。就"商品的组合和定价"这一切入口来考虑，一般的早间服务是把"咖啡和饭食"统一定价为"白天的咖啡费+α"，但也有咖啡费不变、仅早晨这个时间段"免费提供饭食"的模式，还有"以不同的超便宜价格（60日元~　）提供多种饭菜套餐"的模式。

再比如，回转寿司的定价（全部定额、按"盘"定额等）也是如此。"通过模式记忆不同"的教材随处可见。

这里以抽象化和类推作为思考新商业模式的切入点。商业模式的概念包含了"赚钱结构"这一商业的本质，所以其范围很广大。

所以，如何抓住新轴就是商业模式的"蓝海"的找寻方法。因此可以说，如何找出这里所举的抽象化的轴，响应潜在需求，是成功的要因。也可以将其理解为完全属人的、不可能说明的"艺术"，但这里所讲的思维方式，难道不能活用为提取可能重现的创意的契机吗？

4.3 通过思考的"轴"升维

下一个升至"上位概念"的方法，是使用思考的"轴"。在对思考的"轴"有所意识的基础上进行思考，就能找出思维的盲点，同时能从多种视角来验证一个事象（图4-9、4-10）。

"轴"是一个常被人随口使用的词，比如"思考要有'轴'""那人发言的'轴'没偏"，等等。

显而易见，这是一个难以定义的词，本书将其定义为"观察个别事象（即下位概念）时，作为基准的上位概念的视角"。本书所说的"维度"或"变量"的表现形态之一就是思考的"轴"。这恰与数学中所说的X轴、Y轴、Z轴之类的坐标轴的形象会使变量增多的情形完全一致。

这里所说的"视角"的形象可能还不好把握，所以请回忆开头的练习问题——"便利店里出售的东西/不出售的东西"。为了想出新创意而使用的一个概念是"尺寸"或"价格"等词语，这正是"轴"的例子。"轴"的形象如图4-11所示。

像这样使创意具备"广度"或寻找"死角"的时候，（并非

PART Ⅳ 发现问题所需的"元思考法" 201

图 4-9 通过思考的"轴"升至上位概念

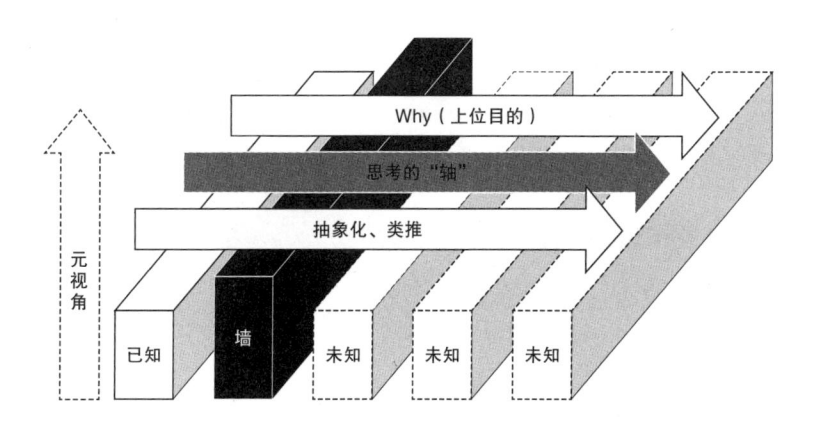

图 4-10 通过思考的"轴"跨越壁障

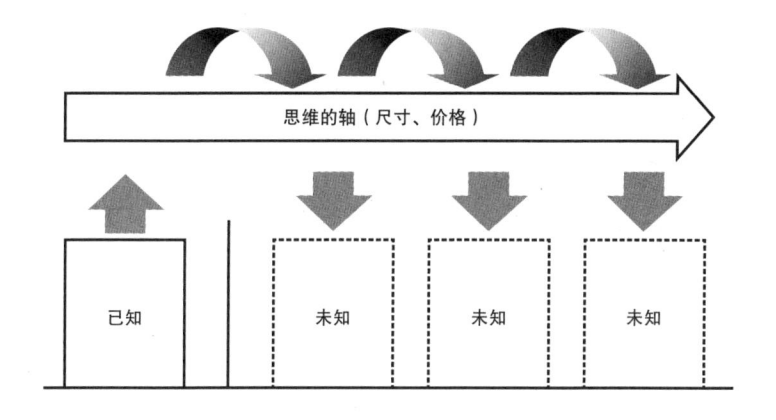

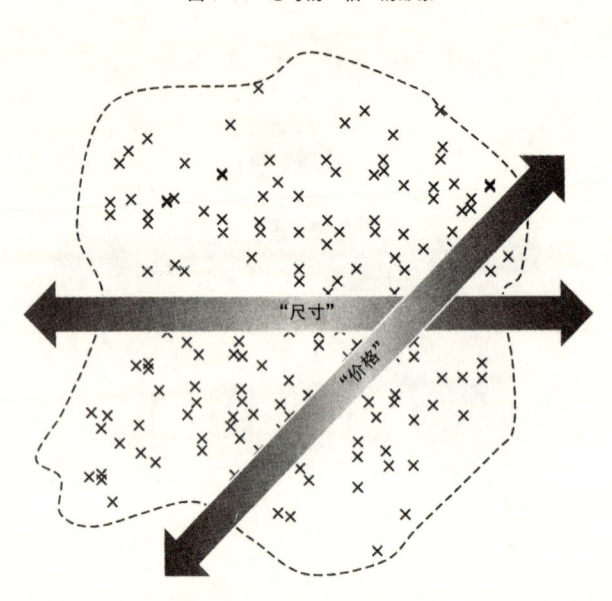

图4-11 思考的"轴"的形象

（个别事象的简单罗列的）思考的"轴"这一上位概念的表现形态是必不可少的。

●思考的"轴"是指解释的方向性

思考的"轴"，可说是用于解释个别事实或事象的事物观。循着这个轴进行前文所述的抽象化和分类，就能产生新知见，进而至于创造和想象。

我们不经意间进行的"分类"，有时有"轴"，有时无"轴"。如果只是单纯地把类似的东西统括起来，尽管也算是分类，但没有"轴"。有"轴"的分类与无"轴"的分类的区别在于，前者不存在"遗漏"和"重复"，可以保证网罗了所有事象（图4-12）。

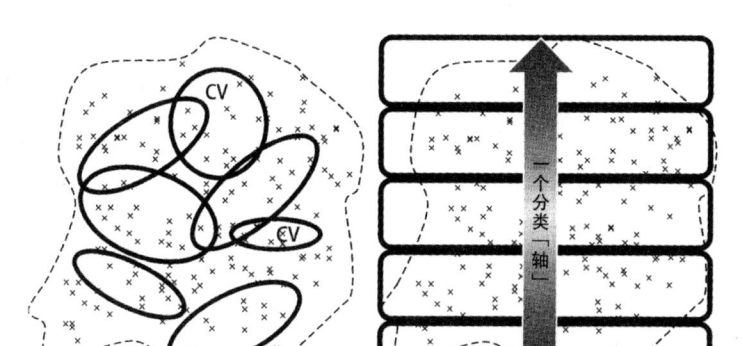

图4-12 "无'轴'"的分类与"有'轴'"的分类的区别

无"轴"的分类
（存在遗漏和重复）

有"轴"的分类
（不存在遗漏和重复）

具有一定的"轴"的分类，是被称为MECE（Mutually Exclusive Collectively Exhaustive）的"不存在遗漏和重复"的分类。

前面的"便利店的例题"，大体上展示了两种"轴"的例子。一种是"尺寸""价格"等数轴形式的"尺度"的"坐标轴"。正如便利店的例题所示，只要在这个轴上思考，就能发现思维的盲点。

另一种"轴"是"可见的东西"⇔"不可见的东西"、"现存的东西"⇔"非现存的东西"等"对立轴"。

在"尺寸""价格"等坐标轴上思考和在"对立轴"上思考，可说是两种主要的模式。"轴"必须有"两极"。数轴的两极是"负无限大"和"正无限大"，对立轴的两极是互相对立的极端词语。

使用这样的"轴"跨越壁障,就能从新视角看待事物,在增加视角的同时,还能寻找一个视角中的思维偏差和盲点。

●思考的"轴"的三个种类

那么,具体都有哪些"轴"呢?

作为思考的方向性或视角的"轴"的大体分类如图4-13所示。

第一种是作为大的视角,视基准是定量的还是定性的。所谓定量的,是指能纯粹用数字表现的"轴",例如尺寸、重量或价格。这同数学中的"坐标"完全一样,可作为一个变量处理。

第二种领域是定性的,其形象是通过定性地提取对立概念,然后在它们之间架起"轴"。举些简单的例子,比如"左与右""保

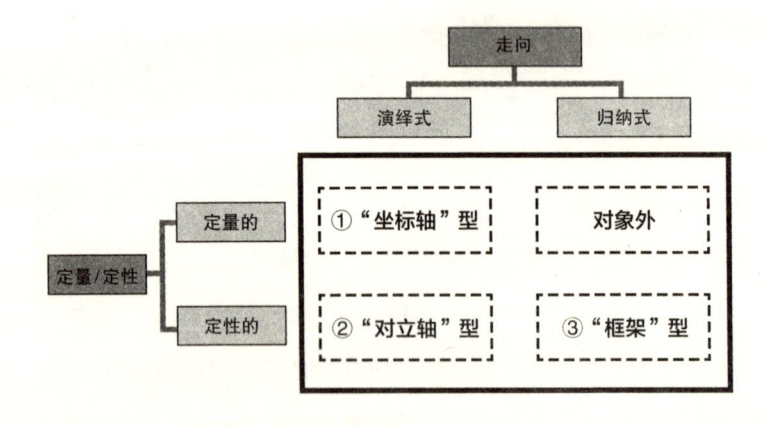

图4-13 思考的"轴"的分类

守与革新""旧有和新创"等。

PART Ⅲ 所论述过的"二分法"的意义就在这里。用以提取"对立轴"的思维方式是"二分法",考虑到其"架起坐标"的形象,想必大家能够再次认识到,它跟"二选一"是完全不同的。

此外,从"轴"的走向上讲,有通过自上而下的演绎式提取的,也有通过基于经验法则的归纳式提取的。通过经验法则以归纳式提取的"轴",通常称为"框架"。例如市场营销世界里的4P(Product, Price, Place, Promotion)、制造业等领域使用的QCD(Quality, Cost, Delivery)等,都是对各自业界内根据经验所使用的分类进行了有体系的定义。

这跟严密的"轴"不同,但由于其定义了客观视角,所以得到了广泛的通用。因此从严格意义上,这一领域的"轴"并不是前文所述的MECE。

● "多样性"之所以重要的理由

要想升至上位概念,找到作为下位概念的观察事象的相关"轴",观察事象的多样性是必不可少的。这是因为,寻找"轴"需要"两个极端"。因此,架起"轴"的必须是"相距遥远的事象"(图4-14的右侧)。

反之,在类似的事象、相距较近的事象间难以找到对立轴,所以很难使创意得到扩充。多样化的重要性越来越受重视,从

图4-14 "无多样性的状态"与"有多样性的状态"的对比

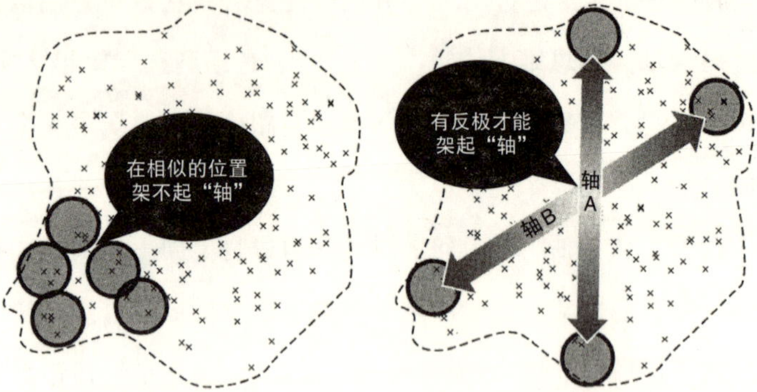

无多样性的状态
（难以找到对立轴）

有多样性的状态
（容易找到对立轴）

多样性这块"领地"既可以内插，也可以外插，使思维的幅度得以拓展，从而发现自身视角的盲点。

4.4 通过"Why（上位目的）"升维

通过升维跨越壁障的第三种思维是"Why（上位目的）"。

实际上，所谓"5W1（2）H"的疑问词，就含有上位和下位的结构。其中，能升至上位概念的唯一的疑问词是"Why？（为什么？）"。只有"Why？"才能使用上位概念，成为"改变赛台"的契机。

疑问词Why使用非常方便，能同时表现"时间序列的两个关系性"，即面向"未来"表示目的，面向"过去"则成为"原因"。无论如何，从"表现关系性"这一点而言，它与其他疑问词有着决定性的不同，可以说是发现问题所必需的提问。

本节将通过Why与"上位概念"的关联来阐述其用法。

● 目的与手段、原因与结果是"一个道理"

手段与目的的关系是下位概念和上位概念的一个例子。不管是商业活动还是日常生活，我们每天的行为几乎都是有目的的。手段是具体的，显而易见，容易转化成行为，但若仅以此

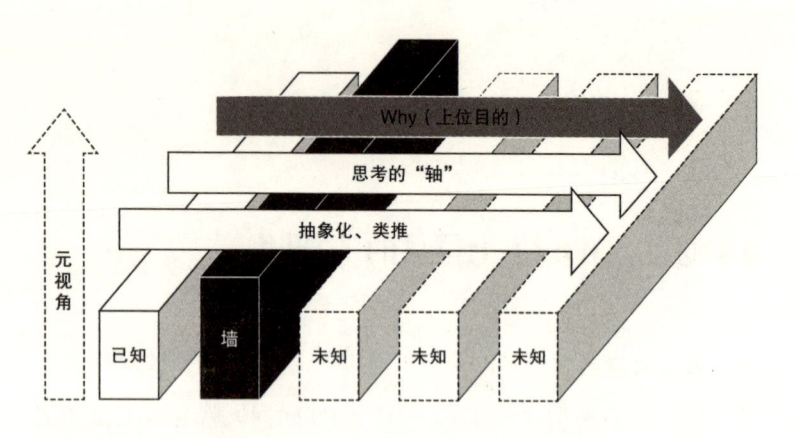

图4-15 通过"抽象化、类推"升至上位概念

为对象,则只会停留在表层。

对于上位目的的思考程度越甚,每个行为就越有深度,同时通过思考每个行为与上位目的的关联机制,就能学会如何充分地、高效率地使用时间。以公司而言,就是各种规则与其目的、信息系统与其目的、组织与其目的的关系;在日常生活中,就是每个行为与"其先"的目的的关系。

总是被转化成实际行为的是具体的"手段"或动作,但从长远的眼光来看,是否同时对目的有所意识,结果将有很大不同。解决问题时,对于大的目的有所意识而做出的行为,比只顾及手段这一下位概念,也就是手段本身成为目的的效果更大,更值得期待。

所谓目的,就是疑问词"为什么?",即英语的Why。这个"为什么?"有两种方向,即将来(目的)和过去(原因)。换言之,

"目的"和"原因"通过"为什么"或"Why"这一上位概念而得到了统一。

解决问题时,"像打鼹鼠游戏那样"使用对症疗法击碎浮于表面的问题,即使能解决个别问题,只要没能摧毁真正的原因,就一定会发生由相同原因造成的麻烦,所以这种做法并不理想。此时需要做的,是不止一次地、两次三番地问自己:"为什么会发生这样的问题?"如此一来,才能找到存在于更"上游"的真正的根本原因。

● "为什么?"是向上位概念回溯的唯一口令

工厂谋求改善时,人们常说"重复5遍(3遍)为什么"。这句话表明,"为什么"可用作商务现场的实践方法。这样做是将作为上位概念的"为什么?"不止提升一级,更是提升至上位的上位,乃至更上位。以这种形式向上位升得越高,越有助于根本地、本质地解决问题。

如前文所述,上位、下位的概念是相对的。通过上述形象,就能形成"上位的上位"(或是下位的下位)这样的多重结构。

我们日常所抱有的疑问分为几种,几乎尽被英语中常用的5W1H囊括无遗。

Why(为什么?)

What(什么?)

Where(哪里?)

Who（谁？）

When（什么时候？）

How（怎样做？）

（作为How的衍生还有）

How much,long,many,often 等。

通过本书所说的上位概念、下位概念而分析出的5W1H的结构，如图4-16所示。

针对大体上的三个概念，"疑问词"可以被分成几类。首先将作为基点的"问题"定义为What，对此存在两个大方向："升至上位概念"和"具体化至下位概念"。

毋庸赘言，唯一一个能升至上位概念的疑问词是Why。

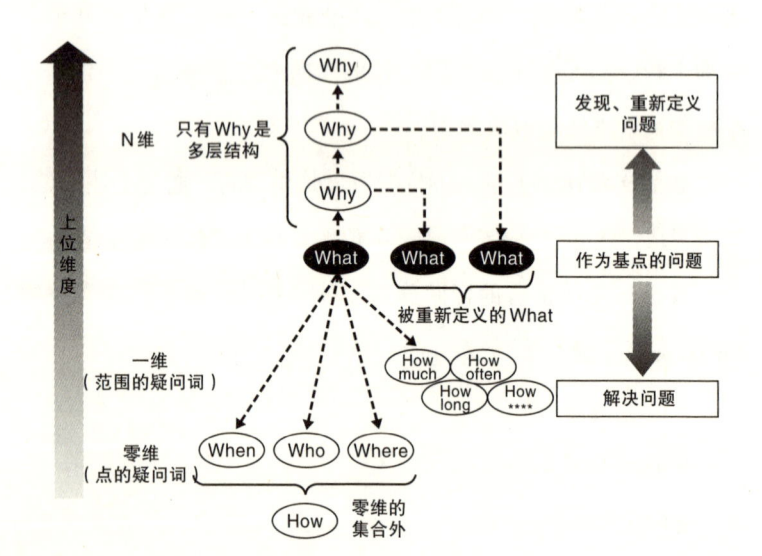

图4-16 疑问词的维度和结构

Why的特殊性正体现在它是"指向上位"的疑问词,只有Why能以"要想解决本来的目的,需要解决的问题本身应该不同"的形式定义问题。

其他疑问词都是从"已有问题"的角度出发,然后思考"如何具体化",是用于解决问题的疑问词。也就是说,只有Why是用于发现问题的疑问词,其他都是用于解决问题的疑问词。

● "How型疑问词"的"维度"

经上所述,我们接下来再根据PART Ⅱ的记述,进一步思考各疑问词的维度。图4-16下方的When(什么时候)、Who(谁)、"Where"(哪里)等疑问词表现的都是"点"的信息——根据先前的定义,也就是零维的信息。How多是"什么时候、在哪儿、谁"等其他疑问词的集合体,也可称为"零维的集合体"。

接下来的How much, How long, How often等How……型疑问词,因……的内容而有所不同,是表达某个"标准"上的"程度"的尺度的前置词,根据先前的定义,就是"一维"的前置词。

如上,零维和一维的疑问词大体归纳起来,可概括为"How型疑问词",其中的任何一个都可说是用于具体化的疑问词。

● 只有"为什么?"能"重复5遍"

如前文所述,"Why(为什么?)"这一上位概念的疑问词,比其他提问有着更特殊的意义。以解决问题的从上游到下游的流程，即从问题的意识开始，到问题的发现、定义、解决而言，其过程就是上游的上位概念流向下游的下位概念。这意味着流程的第一步，即通过发现问题升至上位概念就是"为什么？"这一提问。

也就是说，为了发现问题而向上游回溯的最重要的疑问词是Why，越是流向下游，How的内容就会变得越多。这就是造成"Why的蝈蝈与How（much）的蚂蚁"的差别的原因。

除此之外，Why还有其他特殊性。比较"点的信息"的零维疑问词与表现"程度"的一维疑问词，也可将Why视为"关系性"的疑问词。如前文所述，Why是通用性很高的便于使用的疑问词，面向过去就是"原因"，面向未来就是"目的"。

不管怎样，像"原因与结果""目的与手段"一样，疑问词Why所表现的并非单发性事象，而是事象间的关系性。在这一点上，Why与其他疑问词有着决定性的区别。总之，Why是用来"画（关系性这一条）线"的疑问词。

由此想来，就能明白为何只有"为什么？"能"重复3遍""重复5遍"了（"什么时候""在哪里""谁"是不会重复3遍的……除非没听清）。因为只有"为什么？"是相对的"关系性"疑问词，所以才能探究"其先"，继而多次重复。

而且通过重复，能进一步向"上位概念"提升，所以通过重复为什么，就能迫近本质，重新定义更好的问题，进而发现真正应该解决的新问题。

●以上位目的思考的 Why 型思维

接下来，我们着眼于作为上位概念的目的和原因，对"通过 Why 型跨越壁障"的思考法做更具体的分析。首先，其形象如图 4-17 所示。

这里表现了作为"手段－目的关系"的 Why 不光在手段的层面上进行思考，还顾及其上位目的，由此"跨越壁障"，将思维扩展到其他手段。

此外，思考"Why 的 Why""Why 的 Why 的 Why"等上位的上位的目的，更能迫近本质的课题，手段的范围也会得到极大的扩展。

例如在商界，改变如今已是常识的"业界"，也就是改变同

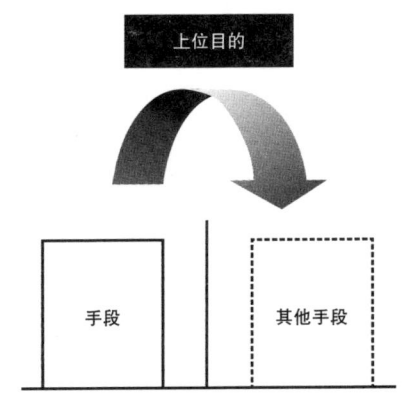

图 4-17　用上位目的跨越壁障

业种集团的画线进行思考,就是通过Why跨越壁障的例子。

行业暗中定义了"竞争的范围"。把行业的墙视为"常识"的缺点是,拼命假设墙内的竞争,即使赢了,也可能会被墙外的敌人统统夺走。关于这一点,下面来看一个较为具体的例题。

【问题】站前的"老咖啡店"的竞争体现在哪里?

看到这个例题,最先开始活动的思路恐怕跟"便利店的例题"时一样:先从"现有的、一目了然的竞争"开始入手。当然,"最近的"竞争是完全一样的同行——"老咖啡店"。

其次容易想到的,是不同于"老店"的、相当于新风格的咖啡店,比如星巴克、Costa之类的连锁店。如果走得再"远些",麦当劳等快餐店最近也可当作广义上的"咖啡店"。

简而言之就是把咖啡店假定为"能在店里喝咖啡的场所"这一形态上的特征(也就是在作为手段的具体层面上)。

接下来,我们再从思考Why的视角,来分析顾客的目的。

简而言之,只要能满足"喝咖啡"这个目的,场所在哪里都可以。如此一来,便利店、自动售货机,或是方便"在家喝"的咖啡机、速溶咖啡等,都可以假定为"竞争对手"。

而且,从"顾客的真正目的是什么?"这一观点来思考,走进咖啡店的人,究竟有多少人是"为了喝咖啡"? 这样一想,"在老咖啡店喝咖啡"反而可能是手段。

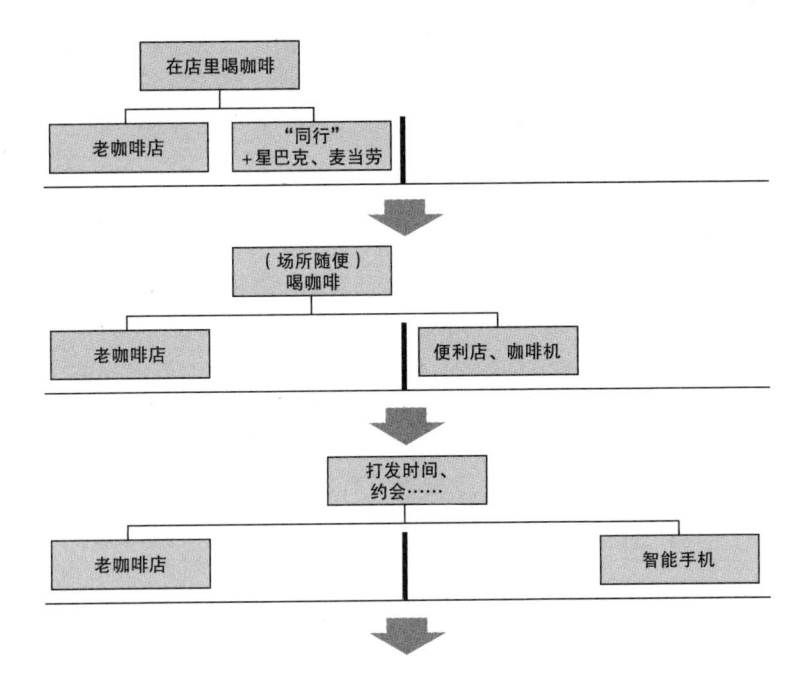

图 4-18 通过 Why 使思维跨越壁障

```
         ┌──────────────┐
         │ 在店里喝咖啡 │
         └──────┬───────┘
          ┌─────┴─────┐
    ┌─────────┐  ┌──────────────┐
    │ 老咖啡店 │  │   "同行"     │
    └─────────┘  │+星巴克、麦当劳│
                 └──────────────┘
                      ↓
              ┌──────────────┐
              │ (场所随便)   │
              │   喝咖啡     │
              └──────┬───────┘
              ┌──────┴──────┐
        ┌─────────┐   ┌──────────────┐
        │ 老咖啡店 │   │ 便利店、咖啡机│
        └─────────┘   └──────────────┘
                      ↓
              ┌──────────────┐
              │ 打发时间、   │
              │   约会……     │
              └──────┬───────┘
              ┌──────┴──────┐
        ┌─────────┐      ┌─────────┐
        │ 老咖啡店 │      │ 智能手机 │
        └─────────┘      └─────────┘
                      ↓
```

- 打发等地铁的时间
- 阅读报纸或杂志
- 约会
- 跟别人碰头
- 闲聊

这些才是真正的目的。这样一来,"竞争"的范围便会进一步扩大。

- 充实的候车室
- 互联网（报纸或杂志）
- 移动电话（约会、碰头）
- 社交媒体（闲聊）

这些也完全可视为"竞争对手"。

这样一来就会发现，对于老咖啡店来说，能代替以上所有的"智能手机"就是"无形中的强大的竞争对手"。

像这样把握顾客的真正目的或需求，而不是仅仅停留在手段的层面，就能使实现手段变得丰富多样。通过思考Why，便能够跨越"业界"这一壁障，想到以前想都不敢想的"竞争"。

●通过Why型思维"改变赛台"

像这样，Why型思维为我们提供了重新画线上的重要视角。通过"目的"这一上位概念进行思考，使得在"手段"层面上思考的范畴画线完全改变，也就是能够"改变赛台"。"改变游戏规则"的思维也是一样的。

改变赛台的一个终极姿态是思考"不必执行该手段（包括代替手段在内）也能达到目的"的方法。

从"为了满足同一个目的"的视角来看，消除产品分类本身、在其他范畴一决胜负，或是行业本身消失不见，都会形成全新视角上的思维。

4.5 为了活用"元思考法"

前面介绍了三种在升维后用上位概念进行思考的"元思考法"。

作为PART Ⅳ的总结，下面说一说活用这些思考法时的注意事项。

● 与上游工作契合的元思考法

前文所阐述的"上位概念"的思考法，应该活用于PART Ⅱ所述的发现问题与解决问题的对立结构中的上游部分，也就是确定整体概念、变量固定之前的不确定性高的工作。

反之，使基本概念具体化并转为执行的解决问题阶段的下游部分，则需要聚焦于现实且具体的事象的思维。到了这一阶段，随意地讲上位概念只会起反效果。

● 上位概念的工作不可能"分担"

例如，作为"上位概念"之代表的抽象概念，其抽象度越高，多人的协作就越难。例如商品或事业的"概念（Concept）"，其抽象度就很高。

所谓概念，是针对象物"简而言之是什么"的简单说明，要做到高度抽象的表现。因此，概念不应该是很多人凑在一起想出来的，而应该是少数人，最好是一个人思考得出的。

与之相反，到了将概念具体化的阶段，关于具体实现方法的个别创意，则可以像众包①一样由多数人参与。

像"概念"这样高度抽象的智慧概念的形成，不可能有多个意见的折衷方案。

此外，还可以建筑物为例。在建筑物的设计中，"整体概念"也是高度抽象的脑力工作的产物，基本上都是出自一位建筑家的构思。而且，作为高度抽象的事物的特征，要求其具备纯粹性和"美感"。

数学理论也是高度抽象的，同样须具备"美感和纯粹性"。

反之，高度具体的下位概念则必须具备多样性和"数量"。根据一定概念进行设计的建筑物到了具体施工的阶段，多人分担工作就有了可能。

进入设备、装潢、家具等个别领域，就如"术业有专攻"所言，肯定是将各领域的专家的创意汇总起来，才能做出高品质的成果。

---

① 从一广泛群体，特别是在线社区，获取所需想法、服务或内容贡献的实践。——编者注

如上所述，像众包那样的集体智慧所适合的，是下位概念的创意提取。这一点有必要留意。

"想不出创意"的时候，就算把从事高度抽象的智力工作的人毫无秩序地聚集起来进行头脑风暴，也不会有什么效果。概念这个东西，做决策的有关人员越多，就越容易像嫁接一样，形成不伦不类的折衷方案，最终只会造出凡庸的东西。

上位和下位的差距大小将影响解决问题的品质

解决问题的品质由上位概念和下位概念的"等级差"决定。这就像"抽象与具体"的关系一样。从彻底具体且现实的事实开始，将其抽象化为上位概念，洞彻本质，"重新画线"后再次具体化至可执行的等级，这种"上下运动"能使解决问题行之有效。

至于"思考"和"行动"，不管少了哪个，都无法解决问题。

通过前面的解说，我们能够导出世人所说的"头脑顽固""头脑灵活"的若干侧面。所谓头脑的灵活度，就是思考"怎样才能升至上位概念"。也就是说，首先在于能否怀疑常识，拆除"常识之墙"，在全新的状态下思考；能把变量增多到何种程度；能把维度升至什么水平。

以"原因"或"目的"的"为什么？"为例，能否不止一次地多次问"为什么"，是头脑灵活的关键所在。再比如，"既定"思考进行到何种程度，是头脑顽固的另一个侧面。在头脑顽固的状态下，会认为身边的规章和框架是"既定"的。这就是"常识之墙"。

数学中将"不能再怀疑"的前提条件称为定理，关键就在于能把它破坏到什么程度。以公司而言，对组织、规则能有多大程度的怀疑，与头脑的灵活度密切相关。

上位和下位是相对的关系

前面所讲的"上位""下位"完全是相对的，并不是绝对的。例如，想想手段和目的的关系，很容易就能明白。作为某手段的上位层的目的，可能是其他目的的手段，甚至能升至更上面的若干位，成为目的的目的、目的的目的的目的……

换个角度来看，上位、下位是建立在多层结构之上的。不是"二层小楼"，而是像高层建筑一样，存在许多楼层。

上位概念的天花板是"单面镜"

以上位概念思考，能使高度的想象和创造成为可能，解决问题也能达到触及本质的深度，但以上位概念思考的难度很高。

前面在抽象化一项中已经提过，一旦达到那个"高度"，就再也回不去了。身处下位的时候，是无法理解在上位思考的状态的。也就是说，是"从上能看见下，但从下看不见上"的关系（图4-19）。

从高维和低维的关系来看也一样。在"身处三维世界的蜘

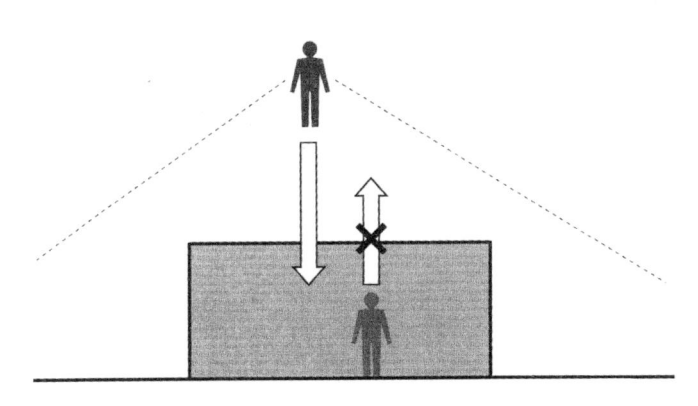

图4-19 上位概念和下位概念是"单面镜"的关系

蝈"眼中,"身处二维世界的蚂蚁"简直急死人,而在蚂蚁看来,蝈蝈的世界是无法想象的。

也就是说,"上位概念"从下方看,好似有一道天花板阻隔。也可将其理解为前文所述的"已知世界的墙"。

上位概念的天花板像单面镜一样,是单向透光的。这也可说是知识与未知的非对称性使然。

后　记

"知的不可逆性"决定问题的发现和解决

　　本书从彼得·德鲁克的言论出发，阐述了以"无知、未知"为起点的发现问题的方法论。

　　在智慧的世界中，受重视的向来是"知识""专家""存量""封闭体系""固定维度"等用来高效率地解决问题的关键词，而这些关键词在发现问题的世界里，统统是起负面作用的。关于这一点，想必大家已经明白了。

　　像这样的"解决问题的困境"，应该怎样解决呢？

　　能根据场合巧妙地区分使用"蚂蚁的思维"和"蝈蝈的思维"的"超人"般的人物当然也有，但那只是极少的一部分人。世界上的大多数人受能力及"立场"所限，只能扮演"蚂蚁"或"蝈蝈"中的一个角色。因此从结构上来说，同时扮演这两者往往是不可能的。

　　重要的关键词还是"元视角"。可以说，苏格拉底想传达的基本信息正在于此。

此外，正如本书后半部分所说明的，"元视角"是思考的原点，尤其对于发现问题而言，可谓是最最基本的思维方式。所谓的"元"，就是"意识"。任何事情走到最后，都会抵达简单的本质。本书也在最后探究了"意识"的机制。

关于PART Ⅰ所阐述的德鲁克和苏格拉底所说的"两种无知"的活用，下面再来重新思考一下。德鲁克所提倡的"无知"，是将人类有意识或无意识持有的知识，主要是解释等级的知识进行重置，以"外行的视角"看待；而苏格拉底所提倡的"无知之知"，是"从上方俯瞰"自己的无知本身，也就是强调了"元视角"的重要性。

想一想就能明白，本书所阐述的这些"两种无知的活用法"，对于发现问题而言，其实本质上说的是同一回事。

"知识的重置"之所以有必要，是因为掌握的知识一旦固化，就会成为偏见而起反作用。这种"偏见"的代表例是以自我为中心的事物观，这既可以称为"自我偏见"，也可以称为在自己与他人之间"画线思考"的"自我封闭体系"。

首先对这一点有所意识的便是"元视角"，即"无知之知"。也就是说，这"二者"总是一起出现才能发挥作用。

由此可见，无知之所以对于发现问题作用重大，原因正在于PART Ⅱ所阐述的"解决问题的困境"。在结构上，知有着伴随时间流逝的不可逆性这一困境，因此不可能"后退"，只有通过"重置"，才能解除这一困境。

不仅限于智慧领域，整个世界都被"不可逆性"支配着。人的一生也好，组织的荣枯盛衰也好，以及社会、国家本身，都被伴随时间流逝的不可逆性支配着。不可逆过程一旦开始，就无法使之后退，但会出现下一个不可逆过程，使这一流程永远循环下去。就像人的一生结束后，还会诞生新生命，使人类的进步和发展得以延续。

这一流程在智慧领域里也一样。自古相传的"盛极必衰""川流之水不绝，且非原本之水"等不可逆变化，支配着整个世界。

"将无知结构化"，本就是自相矛盾的。因为在完成结构化的一瞬间，无知便已不再是无知，而且无知的边界会扩至遥远的远方。即便如此，还要尝试无谋的挑战，是因为人们把这里视为一切思考的原点了。

同样地，"意识"是人们在日常生活中经常于无意间使用的词语，但它其实也是一个内涵极其深邃的概念，因为这个词同"无知"是表里一体的关系。所谓发现问题，就是"回溯至上游"，这是本书的关键信息之一，而其中相当于"最上游"的，就是"意识"。

仔细想来，"起疑心""持逆反心理""怀有好奇心"等思考事物时的必要姿态，也是全部建立在源自"元思考"的"意识"的基础之上的。就这一点而言，对思考的"第0步"，即"意识"的相关"方法论"进行总结，与其说是很有意义的一项挑战，更不如说"为何至今仍未使其明确？"

仔细想想，人类是以"从父母到子女的世代交替"的形式，自然而然地对无知进行重置的。婴儿出生时不具备任何知识，所有人都不得不花费大量时间，从零开始学习加法、乘法，难道不能说这就是人类巧妙地将神所赋予的知进行了重置吗？

MONDAI KAIKETSU NO DILEMMA
by Isao Hosoya
Copyright © 2015 Isao Hosoya
All rights reserved.
Originally published in Japan by TOYO KEIZAI INC.
Chinese (in simplified character only) translation rights arranged with
TOYO KEIZAI INC., Japan
through THE SAKAI AGENCY and BARDON-CHINESE MEDIA AGENCY.

本书中文简体版由银杏树下（北京）图书有限责任公司版权引进。

版权登记号　01-2018-2169

图书在版编目（CIP）数据

高维度思考法：如何从解决问题进化到发现问题／（日）细谷功著；程亮译. -- 北京：中国华侨出版社，2018.5（2018.8重印）

　ISBN 978-7-5113-7633-6

　Ⅰ.①高… Ⅱ.①细…②程… Ⅲ.①思维方法—通俗读物 Ⅳ.①B80-49

　中国版本图书馆CIP数据核字(2018)第050131号

高维度思考法：如何从解决问题进化到发现问题

著　　者：［日］细谷功	译　　者：程　亮	出 版 人：刘凤珍
责任编辑：待　宵	特约编辑：李雪梅	出版统筹：吴兴元
营销推广：ONEBOOK	装帧制造：墨白空间·张静涵	经　　销：新华书店
开　　本：889mm×1194mm　1/32	印　　张：7.5	字　　数：114千字
印　　刷：北京天宇万达印刷有限公司		
版　　次：2018年7月第1版　2018年8月第2次印刷		
书　　号：ISBN 978-7-5113-7633-6		
定　　价：38.00元		

中国华侨出版社　北京市朝阳区静安里26号通成达大厦3层　邮编：100028
法律顾问：陈鹰律师事务所
发 行 部：(010) 64013086　　传真：(010) 64018116
网　　址：www.oveaschin.com　E-mail: oveaschin@sina.com

后浪出版咨询(北京)有限责任公司
未经许可，不得以任何方式复制或抄袭本书部分或全部内容
版权所有，侵权必究
如有质量问题，请寄回印厂调换。联系电话：010-64010019